高等职业教育"十二五"规划教材

机 械 基 础

主 编 夏策芳 苏理中
副主编 薛 梅 张 娜

中国铁道出版社有限公司
CHINA RAILWAY PUBLISHING HOUSE CO., LTD.

内 容 简 介

本书为工科类高等职业教育系列规划教材之一,主要内容包括机械中构件的受力分析、强度分析及稳定性分析,平面机构中的连杆机构、凸轮机构、棘轮机构,机械传动中的齿轮传动、螺旋传动、带传动、链传动、蜗杆传动、轮系,机械中键连接、螺纹连接、轴、轴承,联轴器、离合器、制动器。本教材在内容选择以专业够用为原则,概念侧重理解,公式强化会用。为了提高内容的直观性及读者的兴趣,本书采用了大量的实物图片,穿插了一些小知识。

本书适合作为高等职业技术学院、高等工程专科学校以及成人高职高专机械类相关专业的通用教材,也可供其他相近专业人员使用或参考。

图书在版编目(CIP)数据

机械基础/夏策芳,苏理中主编. —北京:中国铁道
出版社,2011.1(2020.2重印)
高等职业教育"十二五"规划教材
ISBN 978-7-113-11500-5

Ⅰ.①机… Ⅱ.①夏… ②苏… Ⅲ.①机械学-高等学校:
技术学校-教材 Ⅳ.①TH11

中国版本图书馆 CIP 数据核字(2010)第 244119 号

书 名:	机械基础
作 者:	夏策芳 苏理中

策划编辑:	安增桂	
责任编辑:	李小军	编辑部电话:010-63589185 转 2061
编辑助理:	马洪霞	
封面设计:	付 巍	
封面制作:	李 路	
责任印制:	郭向伟	

出版发行:中国铁道出版社有限公司 (100054,北京市西城区右安门西街 8 号)
网 址:http://www.tdpress.com/51eds/
印 刷:北京虎彩文化传播有限公司
版 次:2011 年 1 月第 1 版 2020 年 2 月第 3 次印刷
开 本:787 mm×1 092 mm 1/16 印张:13.25 字数:323 千
印 数:4 001~4 500 册
书 号:ISBN 978-7-113-11500-5
定 价:29.00 元

前　言

本书为工科类高等职业教育规划教材，按照国家高等职业教育培养规划中"机械基础"课程标准编写。适合作为工科类高等职业教育"机械基础"课程的教材。适用于 60～100 课时。

本书主要将传统的《工程力学》、《机械设计》的两门课程有机地结合在一起。主要介绍机械中构件的受力分析、强度分析及稳定性分析，平面机构中的连杆机构、凸轮机构，棘轮机构，机械传动中的齿轮传动、螺旋传动、带传动、链传动、蜗杆传动、轮系，机械中键连接、螺纹连接、轴、轴承，联轴器、离合器、制动器。

本书在结构上进行了较大改革，删除了烦琐的公式推导，突出了知识点的应用，侧重实例的引入，通过实例引出概念，使读者容易接受。文字简明扼要，通俗易懂。例题选择突出知识点的内涵，解题思路明确，体现了实用性。

本书中的"问题思考"为学生提供对本章节概念理解的检查手段，学生可以通过思考及回答问题检查一下对知识点的理解程度。在每章教学内容之后都安排了数量相当的习题，以利于学生对基本理论和基本技能的掌握。

为了提高学生的兴趣，本书提供了一些"小资料"，使学生对自然科学的人物、自然科学的发展史有一些认识。书中采用了一些精心拍摄的实物图片，以增强阅读的直观性，加强对知识点的理解。

本书采用国际单位制（SI），有关物理量名称、符号、单位执行最新国家标准。

本书由夏策芳、苏理中担任主编，薛梅、张娜担任副主编。参加本书编写的有北京电子科技职业学院（汽车工程学院）夏策芳、苏理中，北京自动化工程学院薛梅，北京机械工程学院张娜，乌鲁木齐铁路运输学校赵聘，广州市交通运输职业学校谢彩英，北京农业职业学院（清河分院）蔡萍等。

安增桂老师为本书拍摄了大量的实物图片，并在编写过程中给予大力支持，在此表示衷心的感谢。

本书采用创新的教材编写方式，以及编者水平所限，书中难免出现疏漏与不足，敬请读者提出批评和改进意见。

编　者

2010 年 11 月

目　　录

绪　论

0.1　机　械

机械是机器与机构的总称。

1. 机器

由零件组成的执行机械运动，用来完成所赋予的功能的装置称为**机器**。

图 0-1 所示的自行车是代步的机器，其组成部分：

（1）原动部分　人的双脚作用在脚踏板上，形成力偶，使大链轮转动。

（2）传动部分　大链轮带动链条，链条带动小链轮（飞轮），小链轮带动自行车的后轮转动。

（3）工作部分　自行车后轮在地面摩擦力的作用下，使自行车前行，前轮随之转动。

（4）控制部分　车闸部分称为自行车的控制部分。

图 0-2 所示的补鞋机，其组成部分：

（1）原动部分　人手作用在圆盘的手柄上，产生力矩，使圆盘及凸轮轴转动。

（2）传动部分　凸轮轴带动杠杆摆动。

（3）工作部分　杠杆带动针杆上下往复运动，达到缝补的目的。

由于机器的转动件的转速较低，无控制部分。

图 0-1　自行车　　　　　　　　　　　　　图 0-2　补鞋机

上述实例说明机器具有三个特点：

（1）机器是由各种零件组合的；

（2）机器的各部分具有确定的相对运动；

（3）机器的功能是代替人的劳动，提高劳动效率，进行能量转换以及传递信息。

机器包括原动部分、工作部分、传动部分三个基本部分，为了使其协调工作，并准确、可靠地完成整体功能，必须增加控制部分。

（1）原动部分　机器的动力与运动的来源。它是通过外来的能源，进行能量的转换，成为机器的能源。外来能源有机械能、电能、化学能。常见有：手动、电动机、内燃机、空气压缩机、液压设备等。

（2）工作部分　机器以确定的运动形式完成有用功的部分。例如：自行车的车轮、补鞋机的针杆及压脚板、车床刀架等。

（3）传动部分　将原动部分的动力及运动以一定的运动形式传给机器工作部分。例如：自行车的链传动、补鞋机的凸轮传动、汽车变速箱齿轮传动等。

（4）控制部分　控制机器的启动、停止及协调动作的部分。例如：汽车的制动器、汽车的油门等。

2. 机构

若干个构件通过连接（运动副），且构件之间具有确定的相对运动的组合体称为**机构**。机构只具有机器的前两个特征。

如图 0-3 所示，缝纫机传动部分是一个平面连杆机构。

构件 1 为脚踏板，它是机器的原动部分。

构件 2 为拉杆，构件 1 与构件 2 铰链连接，构件 1 的摆动带动构件 2 的平面运动。

构件 3 为曲轴，构件 2 与构件 3 铰链连接，构件 2 的平面运动带动构件 3 的定轴转动。

构件 3 将转动输出给皮带传动部分。

机构是由原（主）动件、从动件、固定件（机架）组成。

（1）原动件　机构中输入的确定运动的可动构件。一般机构只有一个原动件。例如：缝纫机的连杆机构中的构件 1。

（2）从动件　在原动件的带动下，产生有规律运动的可动构件。例如：缝纫机的连杆机构中的构件 2、构件 3。

（3）固定件　机构相对静止的构件，它是其他构件运动的参照物，机构中只有一个构件为固定件。例如：缝纫机的架子（简称机架），构件 1 及构件 3 都与机架连接。

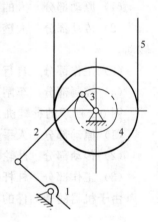

图 0-3　缝纫机传动示意图

常见的机构有连杆机构、齿轮机构、凸轮机构、间歇机构等。

3. 零件、构件、运动副

（1）零件　零件是组成机器的最小制造单元。

选用合适的材料，经过不同的加工方式而得到的不可拆卸的最小基本体称为**零件**。

机械工程中，零件分为通用零件及专用零件。

通用零件：应用广泛，具有国家统一标准。例如：齿轮、轴承、螺栓、螺母等。

专用零件：应用于一些特定的机器中，具有行业的标准。例如：起重机械中的吊钩、内燃机中的活塞、曲轴等。

在机器中常把零件组合成相对独立的组合件，这些组合件称为**部件**。部件是机器的最小装配单元体。例如：减速器、离合器、滚动轴承、自行车脚蹬子等。

机器的零、部件的功用是连接、紧固、传动、支承等。

（2）构件 构件是机器中最小的运动单元。

由若干个零件组成的刚性体称为**构件**。一个构件可以是一个零件，也可以是几个零件的组合，组成构件的零件之间不能有相对运动。

（3）运动副 两个构件直接接触，并能产生一定相对运动的连接部位称为**运动副**。运动副分为低副、高副，低副又包括转动副、移动副。

如图 0-3 所示的缝纫机连杆机构中，构件 1 与构件 2 的之间具有相对转动，称为**转动副**。

如图 0-4 所示单缸内燃机的连杆机构，活塞与缸体之间相对滑动，称为**移动副**。

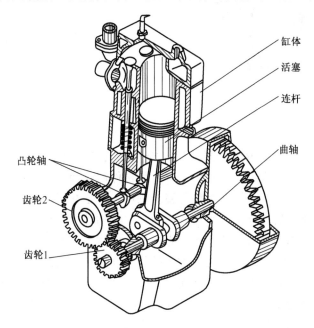

缸体
活塞
连杆
曲轴
凸轮轴
齿轮2
齿轮1

图 0-4 单缸内燃机结构原理图

1. 工程力学研究的问题

机械工程中的力学主要由工程静力学及材料力学组成。

工程静力学研究作用在平衡物体上的力及其相互关系。

材料力学研究在外力的作用下，基本构件内部将产生什么力，这些力如何分布，构件发生怎样的变形，变形对构件的正常工作有哪些影响。

在机械工程中，为了保证机器的正常工作，需要组成机器的机构正常地运转，而组成机构的每一个构件需要有一定的承载能力。构件的承载能力体现在构件具有足够的强度、刚度、稳定性。

构件的强度是指在外力作用下，构件抵抗强度失效的能力。**强度失效**是指不可恢复的塑性变形及发生断裂。如图 0-5 所示为齿轮轮齿的断裂。**构件的刚度**是指在外力作用下，构件抵抗刚度失效的能力。**刚度失效**是指构件产生过量的弹性变形。如图 0-6 所示为装配车间的天车横梁发生弯曲变形，使小车出现爬坡的现象。**构件的稳定性**通常发生在细长压杆，当压杆在轴向压力的作用下，直线平衡状态发生变化，而导致压杆折断。

 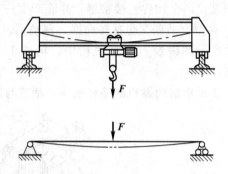

图 0-5　轮齿断裂　　　　　　　图 0-6　横梁的弯曲变形

2. 工程力学研究的模型

在外力作用下，物体都会发生变形，研究构件承载能力时，需要将构件简化为力学模型。若研究的问题与物体的变形关系不大，可以将构件简化为刚体。计算每一个构件所受的外力时，其变形与所求外力无关，此时构件视为刚体；但是在保证构件安全的前提下，设计构件的尺寸时，变形对所研究问题有直接的影响，此时构件视为变形体。

根据几何特征构件模型可分为杆、板、壳、块。机械工程中以杆件为主要研究模型。

长度远大于其他两个方向尺寸的构件称为**杆件**。杆件的几何形状可用其轴线（截面形心的连线）和垂直于轴线的几何图形（横截面）表示。轴线是直线的杆称为**直杆**，如图 0-7 所示；轴线是曲线的杆称为**曲杆**，如图 0-8 所示；各横截面相同的直杆称为**等直杆**。

杆件是工程中最常见、最基本的构件。工程中常见的梁、轴、柱等均属于杆类构件。

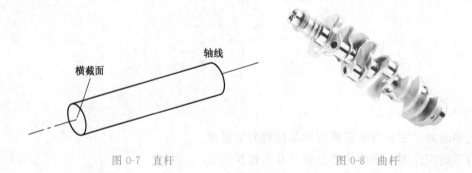

图 0-7　直杆　　　　　　　　　　图 0-8　曲杆

3. 构件承载能力研究方法

（1）绘制机构简图。机构简图是通过简单的线条表示构件的基本形状、构件之间的连接方式、每一个构件的运动形式、标出原动件。如图 0-9 所示为单缸内燃机连杆机构的简图。

（2）分析机构中每一个构件的所受外力大小及方向。

（3）判断在外力作用下，构件的变形类型。

工程中常见杆件的变形类型如图 0-10 所示。

图 0-10（a）拉伸（压缩）变形；

图 0-10（b）剪切（挤压）变形；

图 0-10（c）扭转变形；

图 0-10（d）弯曲变形。

（4）根据构件具有的强度、刚度、稳定性的条件进行有关的计算。

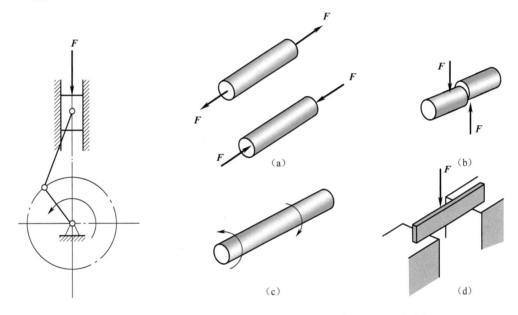

图 0-9　单缸内燃机连杆机构简图　　　　　图 0-10　工程中常见杆件的变形类型

综上所述，本课程是机械类专业的技术基础课程，通过学习，使学生对机械的功用、性能、组成有深刻的了解；会选用通用零件；掌握常用机构、机械传动的工作原理、基本特点等，学会分析问题、解决问题的方法。

上篇　工程力学

工程力学是人类在千百年漫长的劳动生产过程中，通过无数次的实践—理论—再实践的过程，建立起来的一门学科。是人类对于物体机械运动规律认识的深化过程。

本篇主要研究物体在力系作用下的平衡规律，包括物体的受力分析、力系的简化及平衡条件的应用。杆件类构件的强度、刚度及稳定性的分析和计算。

在学习的过程中，要注意理论与实践的结合。

第1章　力与物体的受力分析

🏭➡学习目标

1. 理解力、力矩、力偶、均布载荷、摩擦力的概念。
2. 掌握受力图的画法。
3. 了解力的性质。

🏭➡知识点

1. 力、力矩、力偶、均布载荷、摩擦力。
2. 主动力、约束力。
3. 确定二力构件。
4. 进行受力分析。

📖相关链接

力学与现代工程

　　长期以来，力学始终与土建、机械、船舶、航空等工程技术紧密结合。例如，飞机、高速列车的设计都是通过风洞试验模拟高速行驶状态下空气阻力对飞机、列车的影响。通过风洞流体力学的研究不断改进飞机、高速列车的外形，降低空气的阻力。如我国最新型的和谐号高速列车 2010 年 12 月 3 日在京沪高铁试运行中最高时速达到 486.1 km，创世界铁路运营试验的最高时速，人们出行由北京到上海只需要 5 个多小时。因此正确地运用力学知识可以提高人们的生活质量和科技水平。

某大型客机的流线外形

和谐号动车组的流线外形

1.1.1 力的概念

踢足球是很多人喜欢的体育项目，而在踢足球的过程中，球的运动状态与脚对球的作用有着很大的关系。如图 1-1 所示脚对足球的作用即为"力"。脚是施力体，足球是受力体。球运动的快慢取决于力的大小；球的运动方向取决于力的方向；脚与球的接触点 A 为力的作用位置。由实例我们看出，力

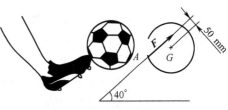

图 1-1　脚对足球的作用

对物体的作用效应决定于力的三要素，即力的大小、力的方向及力的作用点。

力的大小表示物体间相互作用的强弱程度，通常用"F"表示。力的单位为牛（N）或千牛（kN）。

力的方向包括力的作用线方位和指向。作用线的方位用有向线段与参考方向的夹角表示，指向用线段的箭头表示。

力的作用点表示物体间相互作用的位置。可以用线段的起点［见图 1-2（a）］或终点［见图 1-2（b）］表示。

由上述可得出，力是矢量。

力对物体的作用效应可表现为：

（1）外效应　物体运动状态发生变化。例如：足球从静止到运动。

（2）内效应　物体形状发生变化。例如：打瘪了的乒乓球。

若在力的作用下，物体相对于地球保持静止或匀速直线运动的状态，则物体处于平衡状态，简称**平衡**。

实际上物体在力的作用下，都会产生不同程度的变形。但是在研究物体的状态变化时，微小变形忽略不计，在工程问题研究时我们常视物体为刚体。刚体是一个理想化的力学模型。

随着人类科技的发展，机器的组成日趋复杂化，组成机器的构件也越来越多。这样，每个构件上的受力也不只一个。如图 1-3 所示为简易起重装置，立柱 AD 与横梁 CE 及支撑杆 BE 连接，那么立柱 AD 所受的力就不止一个。当一个构件或机构上作用有一群力时，称为**力系**。

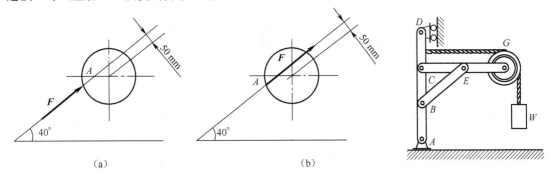

（a）	（b）	

图 1-2　力的作用点　　　　　　　　　　　　　　　图 1-3　简易起重装置

1. 在力的三要素中，改变其中一个要素，对受力体产生哪些影响？

2. 观察你周围物体受力的状态，是一个力还是一个力系。

1.1.2 力的基本性质

如图 1-4 所示为绳子上挂一重物，不难看出，物体受地球的引力的作用，绳子给物体拉力，那么为什么物体能处于静止状态？

物体受地球的引力 G，绳子的拉力 F，但物体却保持静止状态，是因为地球的引力 G 及绳子的拉力 F 的大小相等，方向相反，作用线共线。它们共同的作用没有使物体运动的力存在，即合力为零，所以物体静止。

由此推出：

二力平衡性质　作用在刚体上的两个力，使刚体保持平衡的充分必要条件是这两个力大小相等，方向相反，且作用在同一条直线上。

图 1-4

此性质只适用于刚体。

工程中一些构件在忽略自重的情况下，受到两个力作用时，通常称为**二力构件**，若构件为杆件时，称为**二力杆**。

如图 1-5 所示的 BE 杆，在忽略 BE 杆自重的前提下，杆 B、E 处为螺栓连接，当结构在重物 W 的作用下，杆 BE 在连接处受到压力；此时杆 BE 处于平衡状态，又在 B、E 处只受两个力作用，因此杆 BE 称为二力杆。同时，通过二力平衡的性质可知两个力的作用线为 B、E 两点的连线，以此确定杆 BE 在 B、E 处受力的方向如图 1-5 所示。

如图 1-6 所示为自行车飞轮内部结构（工程中称为**棘轮机构**）。图中构件 2 称为棘爪，在忽略自重的前提下，当自行车滑行时棘爪的一端与构件 3（轮毂）连接，另一端与构件 1（棘轮）接触，阻止构件 1 的运动，两端受到压力的作用。棘爪可视为二力构件。由二力平衡性质可以确定棘爪所受力的方向。

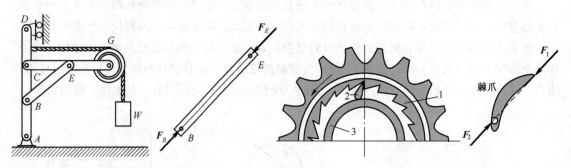

图 1-5　二力杆受力分析　　　　　　　　图 1-6　棘爪的受力分析

我们再看一下图 1-7（a），在支承面上悬挂一杆件，杆件的下端作用力为 F_1，杆件自重不计。

当研究杆件上端所受的拉力时，杆件可视为"刚体"。无论力 F_1 沿作用线滑移到任何位置，杆件上端的拉力大小不变如图 1-7（b）、（c）所示。

当研究杆件的变形时，杆件可视为"变形体"。力 F_1 沿作用线滑移到任何位置，杆件产生不同的变形（伸长量 $l_1 > l_2$），如图 1-7（d）、（e）所示。

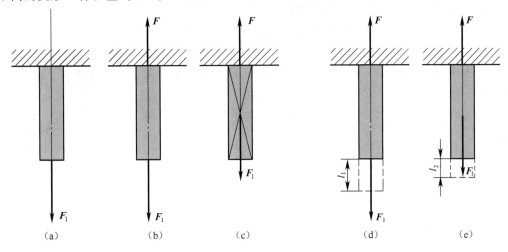

图 1-7　杆件的受力变形

由此推出：

力的可传性　作用在刚体上某点的力，可以沿着它的作用线移动到刚体内任意一点，并不改变该力对刚体的作用效应。

此性质只适用于刚体。

最后我们看一下图 1-8（a），A、B 两物体相互接触，有外力 F_1、F_2 的作用。当 $F_1 = F_2$ 时，两物体处于平衡状态（忽略摩擦）。

A 物体受外力 F_2 作用及 B 物体给 A 物体的作用力 F，当 A 物体处于平衡状态时，由二力平衡性质，$F = F_2$；B 物体受外力 F_1 作用及 A 物体给 B 物体的作用力 F'，当 B 物体处于平衡状态时，由二力平衡性质，$F' = F_1$。

因为 $F_1 = F_2$，所以 $F = F'$。

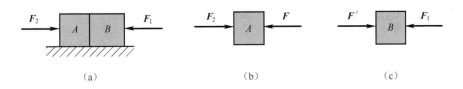

图 1-8　两物体受力分析

由此推出：

作用力与反作用力的关系　两物体间的作用力与反作用力总是同时存在，且大小相等、方向相反、沿同一条直线，分别作用在这两个物体上。

此性质适用于刚体及变形体。

问题思考

1. 力的可传性为什么不适合变形体？

2. 作用力、反作用力的关系与二力平衡性质的区别？举例说明。

3. 如果物体上作用一个力系，要使物体保持平衡的条件是什么？

4. 图1-9的结构中，哪一个构件是二力构件（二力杆）。为什么？

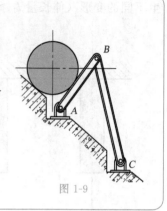

图 1-9

1.1.3 约束力

如图1-10所示，小车为什么能在斜面上匀速行驶？

绳索给小车的拉力限制小车沿斜面下滑，斜面限制小车的运动轨迹。小车只能沿斜面运动，那么绳索与斜面称为小车的"约束"。即限制某些物体运动的物体，称为**约束**。约束给被约束物体的作用力，称为**约束力**。

由此看出，小车所受的力，除主动力（重力）以外，就是约束力。约束力为被动力，大小未知，方向（指向）总是与物体运动方向（运动趋势方向）相反。当主动力已知时，才可以求出约束力的大小。

机器（机构）中常见的约束类型。

1. 柔性约束

由柔软的绳索、链条、皮带等构成的约束为**柔性约束**，约束力沿着绳索的方向背离物体，约束力为拉力，用符号"F_T"表示，如图1-11、图1-12所示。

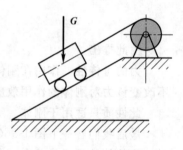

图 1-10 匀速行驶的小车

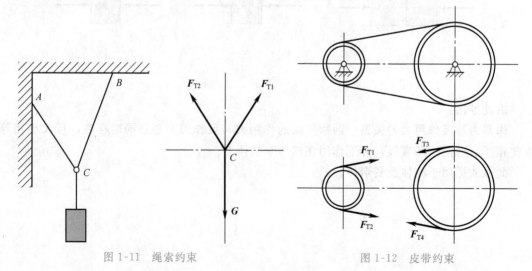

图 1-11 绳索约束   图 1-12 皮带约束

2. 光滑面约束

物体之间的相互作用面，即光滑（忽略摩擦）的表面产生的约束为**光滑面约束**。接触面给物体约束力的方向沿接触面的法线方向（与物体接触面垂直的方向）指向物体，约束力为压力，用符号"F_N"表示，如图 1-13 所示。

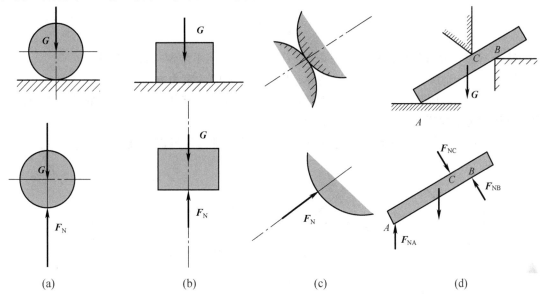

(a)　　　　　　　(b)　　　　　　　(c)　　　　　　　(d)

图 1-13　光滑面约束

3. 光滑铰链约束

用光滑销钉将两根杆或一根杆和支座连接起来的约束形式为**光滑铰链约束**。

平面铰链类型有：

（1）固定铰链［见图 1-14（a）］　被连接的两个构件中，有一个为固定不动件，另一个为活动件。

（2）中间铰链［见图 1-14（b）］　被连接的两个构件均为活动件。

（3）活动铰链［见图 1-14（c）］　在固定铰链的下面装有滚轴，使活动件可在铰链接触面上滑动。

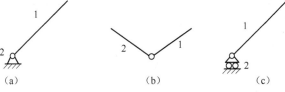

（a）　　　　　　　　（b）　　　　　　　　（c）

图 1-14　平面铰链类型

铰链用于机构中每一个构件之间的连接，销钉与构件的孔之间互相约束，它们之间的作用面为曲面，约束力的作用线沿曲面的法线方向，并过铰链的中心，如图 1-15 所示。销钉给孔的作用力与孔给销钉的作用力为作用力与反作用力的关系，即 $F_N = -F_N'$。

销钉与孔之间的接触点一定在孔壁上，但是要确定是哪一条法线比较困难。因此在实际计算中，我们先将约束力的方向分解为两个正交的方向，并假设其指向，就是用两个正交的分力代替真实的约束力，即 $F_N = F_x + F_y$。式中 F_x、F_y 为约束力的分力。

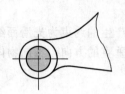
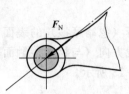

图 1-15　销钉与孔的作用力

综上所述，铰链约束的作用，只限制构件的移动，但不限制构件的转动。

图 1-16（a）所示为固定铰链连接时，构件 1 受到的约束力方向。

图 1-16（b）所示为中间铰链连接时，构件 1 与构件 2 互相约束，所受的约束力为作用力与反作用力的关系，即 $\boldsymbol{F}_{Ax} = -\boldsymbol{F}'_{Ax}$；$\boldsymbol{F}_{Ay} = -\boldsymbol{F}'_{Ay}$。

图 1-16（c）所示为活动铰链连接时，构件 1 只受到与接触面垂直方向的约束力。

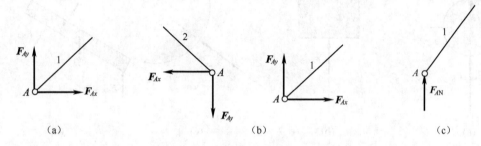

图 1-16　铰链连接时的受力

当机构中的构件为二力构件（杆件）时，虽然是铰链连接，但是不能按照上述方法确定铰链约束力的方向，必须按照二力平衡原理确定铰链约束力的方向。

图 1-17（a）所示为单缸内燃机曲柄连杆机构中的连杆为二力杆，A、B 处为铰链约束，确定约束力时按照二力平衡原理，A、B 铰链的约束力大小相等，方向相反，作用线沿杆件的中心线而在同一条直线上。

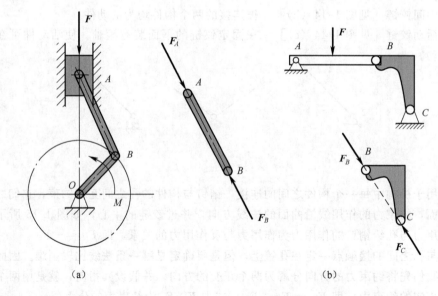

图 1-17　铰链的约束力分析

同理，图 1-17 (b) 所示的结构中 BC 构件为二力构件，B、C 铰链的约束力方向相反，作用线沿两点的连线而在同一条直线上。

1. 固定在楼房外墙上的阳台，受到的约束是铰链约束吗？
2. 你所见过的机器、机构中，构件之间的哪些连接为铰链约束？

1.1.4 物体的受力分析

受力分析就是研究物体受外力的情况。外力包括主动力及约束力，被研究的物体称为"研究对象"。在研究对象上画出外力称"受力图"。画受力图的步骤如下：

（1）确定研究对象。

（2）明确对研究对象施力的物体。

（3）首先找出主动力，其次根据约束类型确定约束力的方向。

（4）将所研究的对象解除约束，平移到整体外，画出约束力的方向。

特别注意：在确定研究对象时，先考虑二力构件（二力杆），以便确定铰链约束的方向。

【例 1-1】在图 1-18（a）中，已知球的重量 G，画出球的受力图。

解：

（1）选择研究对象：球。

（2）主动力：G。

（3）约束力：绳子的拉力 F_T；墙给球的法向力 F_N。

（4）受力图：如图 1-18（b）所示。

【例 1-2】在图 1-19（a）中，AB 横梁上作用集中力 F，A 端为固定铰链支座，B 端为辊轴支座，画出梁的受力图（梁自重不计）。

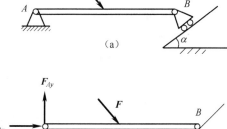

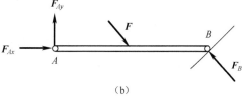

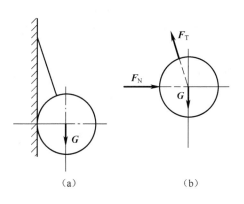

图 1-18　球的受力图　　　　　　　图 1-19　梁的受力图

解：

（1）选择研究对象：AB 横梁。

（2）主动力：F。

（3）约束力：A 端为固定铰链支座约束力，用两个分力表示即 F_{Ax}、F_{Ay}；B 端为辊轴支座约束力为垂直于倾斜角度为 α 的斜面 F_B。

（4）受力图：如图 1-19（b）所示。

【例 1-3】 图 1-20（a）所示为单缸内燃机曲柄连杆机构。已知作用于活塞 A 上的压力 F，曲轴 OB 上作用的力矩 M 分别，画出活塞 A、连杆 AB、曲轴 OB 的受力图（构件自重不计）。

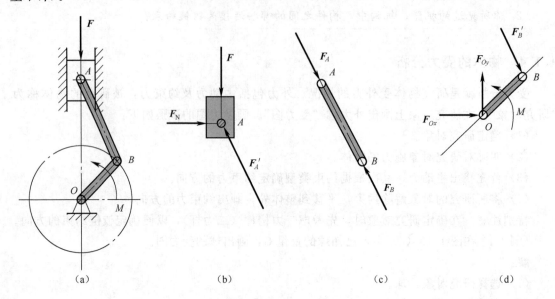

|（a）| |（b）| |（c）| |（d）|

图 1-20　曲柄连杆机构的受力图

解：

（1）选择研究对象：

① 连杆 AB（二力杆）。根据二力平衡原理铰链 A、B 的约束力方向沿活塞的中心线，指向相对（活塞受压），即 F_A、F_B。

② 活塞 A。主动力为 F；约束力为气缸给活塞的法向约束作用（不计摩擦）F_N；连杆与活塞中间铰链连接，约束力与连杆所受约束力 F_A 为作用力与反作用力的关系，约束力为 F'_A。

③ 曲轴 OB。主动力矩 M，约束力为 A 固定铰链约束力，用两个分力表示 F_{Ox}、F_{Oy}；连杆与曲轴为中间铰链连接，约束力与连杆所受约束力 F_B 为作用力与反作用力的关系，约束力为 F'_B。

（2）将活塞 A、连杆 AB、曲轴 OB 解除约束，平移出机构外，画出受力图。如图 1-20 中（b）、（c）、（d）所示。

问题思考

1．图 1-21 所示的增力机构用于夹紧工件。已知作用在滑块 A 上的力 F，对进行增力机构滑块 A、B 及连杆 A 进行受力分析，并画出受力图。

2．图 1-22 所示的机构中已知球的重量为 G，试分析球、杆 AB、杆 BC 的受力情况，并画出其受力图。

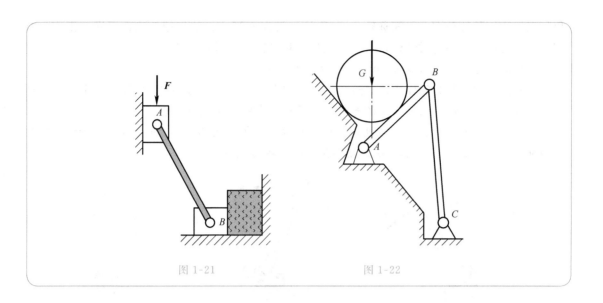

图 1-21   图 1-22

1.2 力   矩

1.2.1 力矩的概念

图 1-23 所示为杆秤称重。那么杆秤称重的原理是什么呢？秤杆 O 点受到钩子的拉力，作用点为秤杆的支点；秤杆 A 点处受力为所称物体的重力 G；B 点处受力为秤砣的重力 W。

当秤杆处于水平平衡状态时，就可以根据 B 点与 O 点的距离确定所称物体的重量。

杆秤称重的原理即为力矩平衡原理。

生活中我们都能体会到，力对物体产生的外效应既有移动效应，又有转动效应。那么，**力矩**就是度量力对物体产生转动效应的物理量。

当我们用扳手拧螺母时，力 F 使螺母绕 O 点转动的效应不仅与力的 F 大小有关，而且还与转动中心 O 到的 F 作用线的距离 d 有关，如图 1-24 所示。大量实践表明，转动效应随 F 或 d 的增加而增强，可用 F 与 d 的乘积来度量。力矩的符号 $M_O(F)$。即

$$M_O(F) = \pm F \cdot d \tag{1-1}$$

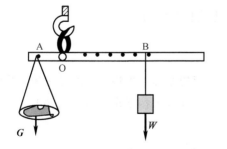

图 1-23 杆秤称重

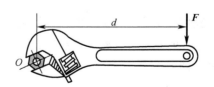

图 1-24 扳手拧螺母

上式中，O 点称为**矩心**。d 为矩心 O 到力的作用线的距离，称为**力臂**。乘积前加上的正

负号表示物体的转动方向（简称**转向**）。物体的转向不同，力的作用效应也不同。工程上规定：力使物体绕矩心逆时针转动时，取正号；顺时针转动时，取负号。

力矩的单位为牛·米（N·m）或千牛·米（kN·m）。

力矩的性质　当力的作用线通过矩心时，力臂为零，无论力多大，物体都不能转动，即力矩为零。换句话说：力矩为零的充分必要条件是力的作用线过矩心。

【**例 1-4**】图 1-25（a）、（b）所示为用起顶锤拔钉子。已知 $F = 200$ N，$l = 25$ cm，求用这两种方式，力 F 对 O 点的力矩各是多少？哪一种方式省力？

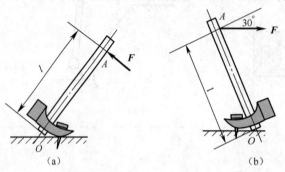

图 1-25　起顶锤拔钉子

解：

（1）图 1-25（a）力臂 $d = l = 20$ cm $= 0.2$ m，锤子逆时针转动，力 F 对 O 点的力矩：

$$M_O(\boldsymbol{F}) = Fd = Fl = 200 \times 0.2$$
$$= 40 \text{ Nm}$$

（2）根据图 1-25（c）求图 1-25（b）力臂：

$$d = l\cos30° = 20 \times 0.866 \text{ cm}$$
$$= 17.32 \text{ cm}$$
$$= 0.17 \text{ m}$$

锤子顺时针转动，力 F 对 O 点的力矩：

$$M_O(\boldsymbol{F}) = -Fd = -Fl\cos30°$$
$$= -200 \times 0.17$$
$$= -34 \text{ Nm}$$

由此可见，采用图 1-25（a）所示的作用方式比较省力。

1.2.2　力矩平衡

前面我们介绍了杆秤称重的原理就是力矩平衡的原理。**力矩平衡**就是物体上作用若干个力 $\boldsymbol{F}_1$、$\boldsymbol{F}_2$、$\cdots$、$\boldsymbol{F}_n$ 均可以使物体产生转动效应，如果物体保持平衡，说明这些若干个力矩的代数和为零。即

$$M_O(\boldsymbol{G}) + M_O(\boldsymbol{W}) = 0$$

杆秤称重是典型的力矩平衡的实例，物体的重力 $\boldsymbol{G}$ 与秤砣的重力 $\boldsymbol{W}$ 对杆秤转动中心（矩心）力矩的代数和为零。即

$$M_O(\boldsymbol{G}) + M_O(\boldsymbol{W}) = 0$$

由上式可以确定秤杆上刻度所代表物体的重量。

【例 1-5】图 1-26 所示为秤杆的受力图，已知物体的重量 $\boldsymbol{G}$，称盘挂绳点距 O 点的距离为 a，称坨的重量为 W，确定秤砣线距支点距离 b 与 $\boldsymbol{G}$、a、W 之间的关系。

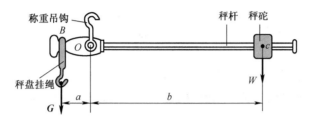

图 1-26　秤杆的受力图

解：

（1）物体的重力 $\boldsymbol{G}$ 产生的力矩为逆时针，力臂为 a，即
$$M_O(\boldsymbol{G}) = Ga$$

（2）秤砣的重力 $\boldsymbol{W}$ 产生的力矩为顺时针，力臂为 b，即
$$M_O(\boldsymbol{W}) = -Wb$$

（3）称重时，秤杆处于水平的平衡位置。满足
$$M_O(\boldsymbol{G}) + M_O(\boldsymbol{W}) = 0$$

即：
$$Ga - Wb = 0$$
$$b = \frac{Ga}{W}$$

1.2.3　合力矩定理

1. 合力与分力

如图 1-27（a）所示，力 $\boldsymbol{F}$ 作用在小车上，作用线与水平方向夹角为 α，力 $\boldsymbol{F}$ 对小车的作用效应为小车的水平向右移动及小车的铅垂向下运动。从图 1-27（b）中可以将小车的水平向右移动视为 $\boldsymbol{F}_1$ 的作用效应；小车的铅垂向下移动视为 $\boldsymbol{F}_2$ 的作用效应。那么分力 $\boldsymbol{F}_1$、$\boldsymbol{F}_2$ 是力 $\boldsymbol{F}$ 在互相垂直方向的两个分力；反之，力 $\boldsymbol{F}$ 是互相垂直的两个分力 $\boldsymbol{F}_1$、$\boldsymbol{F}_2$ 的合力。

合力 $\boldsymbol{F}$ 与分力 $\boldsymbol{F}_1$、$\boldsymbol{F}_2$ 符合矩形的关系如图 1-27（b）所示，矩形的边分别代表分力的大小，矩形的对角线代表合力大小。再根据几何关系可以得到力三角形关系如图 1-27（c）所示。

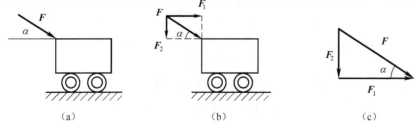

图 1-27　合力与分力的关系

若已知合力 F 的大小，F_1 与 F 的夹角为 α，则 F_1、F_2 两分力大小为：

$$\begin{cases} F_1 = F\cos\alpha \\ F_2 = F\sin\alpha \end{cases} \tag{1-2}$$

若已知 F_1、F_2 两分力的大小，则合力 F 的大小及方向可由勾股定理及直角三角函数得：

$$\begin{cases} F = \sqrt{F_1^2 + F_2^2} \\ \tan\alpha = \dfrac{F_2}{F_1} \end{cases} \tag{1-3}$$

说明：确定力的矩形或力的三角形关系时，要注意分力的指向一定与合力对物体作用效应有关（与物体运动的方向有关），物体的运动方向就是分力的指向。

2. 合力矩定理

如图 1-28（a）所示，一个宽为 a，长为 b 的物体在力 F 的作用下，绕 O 点顺时针转动。如果直接用力矩公式计算 F 的力矩，其力臂很难确定，那么我们可以借助力 F 的分力计算力矩。

$$M_O(F) = M_O(F_1) + M_O(F_2) \tag{1-4}$$

上式称为**合力矩定理**，即合力对某一点的力矩等于每一个分力对同一点力矩的代数和。

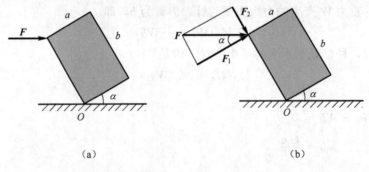

(a)   (b)

图 1-28　分力矩定理

【例 1-6】如图 1-28（a）所示，已知力 $F = 10\ \text{kN}$，物体宽 $a = 2\ \text{m}$，物体长 $b = 4\ \text{m}$，F_1 与 F 的夹角为 $\alpha = 30°$，计算 $M_O(F)$。

解：

（1）计算力 F 的分力大小 F_1、F_2。根据公式（1-2）得

$F_1 = F\cos\alpha = 10 \times 10^3 \times \cos 30° = 10000 \times 0.866 = 8660\ \text{N}$

$F_2 = F\sin\alpha = 10 \times 10^3 \times \sin 30° = 10000 \times 0.5 = 5000\ \text{N}$

（2）计算每一个分力的力矩 $M_O(F_1)$、$M_O(F_2)$。

力 F_1 产生顺时针力矩为负，到矩心的力臂为 b，由公式（1-1）得

$$M_O(F_1) = -F_1 b = -8660 \times 4 = -34640\ \text{Nm}$$

力 F_2 作用线的延长线过矩心 O，由力矩的性质可知

$$M_O(F_2) = 0$$

（3）计算力 F 的力矩 $M_O(F)$。根据公式（1-4）得

$$M_O(F) = M_O(F_1) + M_O(F_2)$$
$$= -34640 + 0$$
$$= -34640\ \text{Nm}$$

1. 若两个力的方向夹角为 α，如何确定这两个力的合力？

2. 用合力矩定理计算力矩时，如何确定分力方向，才能使计算力矩简单？

3. 用公式（1-2）计算分力大小时，如果已知 F_2 与 F 为 α，那么公式如何变化？

4. 图 1-29 所示为托架，已知 $F=1000$ N，其他尺寸如图所示，计算：

（1）力 F 对托架固定面中点 A 的力矩 $M_A(\boldsymbol{F})$。

（2）力 F 到 A 点的力臂 d。

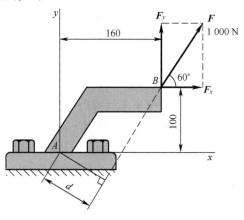

图 1-29　托架

1.3.1　力偶的形成

在日常生活中常会遇到两个大小相等、方向相反的平行力作用在物体上，如双手转动汽车方向盘、用丝锥加工内螺纹、用手拧开水龙头等，如图 1-30 所示。这样的两个力组成一个特殊的力系我们称之为**力偶**，用（$\boldsymbol{F}\boldsymbol{F}'$）表示，如图 1-31 所示。

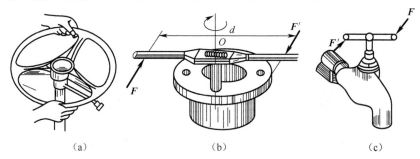

(a)　　　　　　　　　(b)　　　　　　　　　(c)

图 1-30　作用在物体上的两个力

力偶具有以下三要素：力偶矩的大小、力偶的转向、力偶的作用面。

力偶矩是度量力偶对物体产生转动效应的大小，它与力 F 的大小及力偶臂 d 的距离有

关。即

$$M(FF') = \pm F \cdot d \tag{1-5}$$

在平面内，力偶矩是代数量，**力偶臂** d 是 F 与 F' 两个力作用线之间的距离如图 1-32 所示。±符号表示力偶的转向（也是物体的转动的方向）。在工程中规定：物体逆时针转动时，取正号；物体顺时针转动时，取负号。

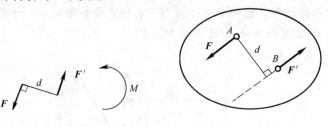

图 1-31　力偶　　　　　　　图 1-32　力偶臂的表示

力偶的单位为牛·米（N·m）或千牛·米（kN·m），换算：

$$1 \text{ kN} \cdot \text{m} = 1000 \text{ N} \cdot \text{m}$$

1.3.2　力偶的基本特性

性质一　力偶对物体只能产生转动效应，而且力偶是独立的物理量。所以力偶不能与一个力平衡，力偶只能与力偶平衡。

性质二　在不改变力偶三要素的情况下，可以改变力的大小或改变力偶臂的长度，而不改变对物体的作用效应如图 1-33 所示。

性质三　力偶产生的转动效应与物体的转动中心无关（力偶矩计算与矩心无关）。因此力偶可以在物体上任意移动，或者移动转动中心，而不改变力偶对物体的作用效应如图 1-34 所示。

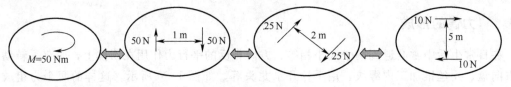

图 1-33　力偶的性质二

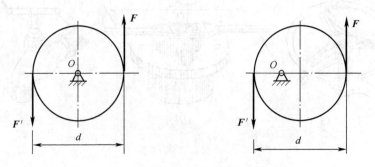

图 1-34　力偶的性质三

1.3.3 力偶系的平衡

图 1-35（a）所示为起重机械。平台装有 A、B、C、D 四个导向轮在立柱上移动，并依靠吊索提升。已知物体所受重力 G，起重平台受到绳子的拉力 F_T，由于 $F_T = G$ 且两个力的方向相反、作用线互相平行，所以 F_T、G 构成力偶 $M(F_T G)$，使起重平台产生顺时针的转动趋势。此时轮 A、轮 D 对轨道产生压力，同样轨道给轮 A、轮 D 反作用力（约束力）F_A、F_D。同理 $F_A = F_D$ 方向相反，两约束力的作用线互相平行，也构成约束力偶 $M(F_A F_D)$，保证起重平台匀速升降（平衡状态）。图 1-35（b）所示为起重平台的受力图，在忽略平台自重的前提下，其只有两个力偶的作用，力偶的作用面在同一个平面内，这样的力系称为**平面力偶系**。

在平面力偶系的作用下，起重平台保持平衡状态，那么该力偶系为平衡力偶系，也就是说两个力偶系作用的合效应等于零，用公式表达为

$$M(F_T G) + M(F_A F_D) = 0 \tag{1-6}$$

通过上述实例可以进一步的说明，如果物体上作用 n 个力偶组成的平面力偶系平衡，则平面力偶系的平衡条件为每一个力偶矩的代数和为零。即简写为

$$M_1 + M_2 + \cdots\cdots + M_n = 0$$

【例 1-7】图 1-35（a）所示为起重机械，已知物体的总重量 $G = 90 \text{ kN}$，其他尺寸如图 1-35（a）中所示。计算轨道给轮 A、轮 D 的约束力。

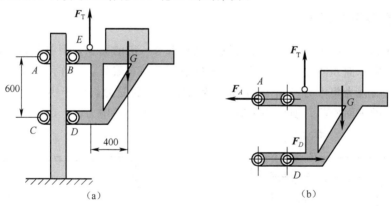

图 1-35　起重机械

解：

（1）根据公式（1-5）计算主动力偶矩 $M(F_T G)$ 及约束力偶矩 $M(F_A F_D)$：

$$M(F_T G) = -G \times 400$$

$$M(F_A F_D) = F_A \times 600$$

（2）根据公式（1-6）计算 F_A、F_D：

$$M(F_T G) + M(F_A F_D) = 0$$

$$-G \times 400 + F_A \times 600 = 0$$

$$F_A = \frac{G \times 400}{600} = \frac{90 \times 400}{600} = 60 \text{ kN}$$

根据力偶的定义可知 $F_A = F_D$，所以 $F_D = F_A = 60 \text{ kN}$。

问题思考

1. 力与力偶的作用效应有什么不同？

2. 力臂与力偶臂有什么区别？

3. 有一胶带通过滑轮组，胶带两端所受拉力均为 750 N，固定滑轮的底板用两个圆销固定如图 1-36 所示，底板上有 A、B、C、D 四个孔，问选择哪两个孔作为固定的孔，销钉受力最小。

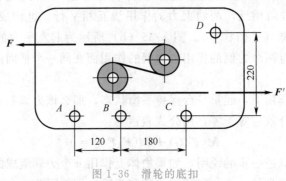

图 1-36　滑轮的底扣

1.4　均布载荷

1.4.1　均布载荷的概念

任何物体相互作用时，其力的作用位置总会占有一定的面积，但是工程上常常根据接触面积与受力体实际面积的关系，将载荷分为集中力、均布载荷。当作用面积远远小于受力体实际面积，载荷视为集中力。图 1-37 所示为天车横梁的受力，由于小车对横梁的作用面积远远小于横梁的表面面积，所以小车对横梁的作用力视为集中力。

图 1-37　天车横梁的受力

图 1-38 所示为轧钢机的轧辊受力。轧制钢板时，钢板给轧辊的作用力均匀分布在轧辊的整个长度上，宽度很窄，可以忽略不计，所以钢板给轧辊的作用力可视为**线均布载荷**，用符号 q 表示，单位 N/m。当载荷均匀分布在平面上时称为**面均布载荷**，单位 N/m^2。当载荷均匀分布在空间体上时称为**体均布载荷**，单位 N/m^3。

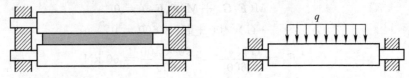

图 1-38　轧钢机的轧辊受力

1.4.2 均布载荷的简化

图 1-39 所示为线均布载荷的简化过程，均布载荷的合力用符号 Q 表示，其值为

$$Q = ql \qquad (1-7)$$

合力的作用点在线均布载荷作用长度的中点上，单位 N。线均布载荷对物体产生的转动效应用力矩度量，其力臂为矩心到合力作用线的距离。如计算线均布载荷 q 对 A 点的力矩，力臂就等于 A 点到合力 Q 的作用线的距离。

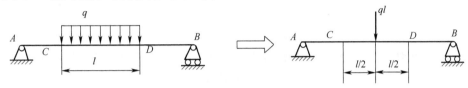

图 1-39 均布载荷的简化画法

1.5 滑动摩擦

1.5.1 滑动摩擦

图 1-40 所示为皮带传动。皮带与带轮之间的相互压紧，并且它们之间无相对滑动的条件下，主动带轮带动皮带运动，达到传递动力及运动的目的。

那么为什么当带与带轮相互压紧时，它们之间无相对滑动呢？原因是带与带轮之间产生了阻碍相对滑动的力，称为**滑动摩擦力**。

如上所述，皮带传动是利用了滑动摩擦力进行传动，机械的制动与滑动摩擦也是密不可分的。这些都是利用滑动摩擦的有利一面，但是滑动摩擦也有不利的一面，它会给机械传动带来多余的阻力，消耗能量，使构件发热磨损，降低精度，缩短寿命，降低机械传动效率。所以滑动摩擦给工程机械带来的利与弊都是不容忽视的。那么滑动摩擦又是如何定义的呢？

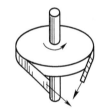

图 1-40 皮带传动

两个相互接触的物体间作相对运动或有相对滑动趋势时所产生的摩擦称为**滑动摩擦**。若两相互接触的物体间具有相对滑动趋势，则摩擦称为**静滑动摩擦**；若两相互接触的物体间作相对运动时，则摩擦称为**动滑动摩擦**。

两相互接触的物体间作相对滑动或有相对滑动趋势时，接触面存在着阻碍物体滑动的作用力，这个作用力称为**滑动摩擦力**。

滑动摩擦力是被动力，它是阻碍物体滑动的力，因此滑动摩擦力的方向总是与被限制物体的滑动趋势或滑动方向相反。限制物体滑动趋势的摩擦力称为**静滑动摩擦力**；限制物体滑动的摩擦力称为**动滑动摩擦力**。

1. 静滑动摩擦力 F

图 1-41（a）中，物体静止，无滑动趋势。滑动摩擦力为零，即 $F = 0$。

图 1-41（b）中，物体水平方向受拉力 P 的作用，有滑动趋势，但仍保持静止状态（平衡状态），此时接触面存在静滑动摩擦力 F，F 的大小随拉力 P 的变化而变化，根据平衡关系 $F = P$。

图 1-41 （c）中，当拉力增加到 P_K 时，物体静止达到临界状态，即将滑动，此时接触面滑动摩擦力达到最大滑动摩擦力 F_{max} ，由于物体仍处于平衡状态 $P_K = F_{max}$ 。

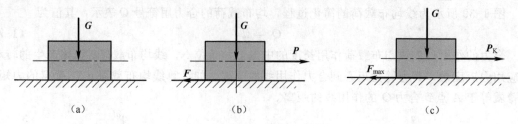

（a）　　　　　　　　（b）　　　　　　　　（c）

图 1-41　静滑动摩擦力

该状态说明物体滑动时，所需要的最小拉力一定大于最大的静滑动摩擦力，即

$$P_{min} > F_{max}$$

最大静摩擦力的大小与接触面的法向反力成正比。即

$$F_{max} = \mu_s F_N \tag{1-8}$$

上式中 μ_s 称为**静摩擦因数**，无单位。其大小与接触物体的材料、接触面的粗糙程度、温度、湿度等有关。一般材料 μ_s 值可在机械工程手册中查到。

F_N 为接触面上的法向反力（与接触面垂直方向上的反力），如图 1-42 （a）、（b）所示。

由公式（1-8）可知，在正压力不变的情况下，若需要增大摩擦力，可通过增大摩擦因数来实现；相反要减小摩擦力可通过减小摩擦因数来实现。即提高接触面的光洁度或加入润滑剂等方法。

综上所述，静摩擦力随着主动力的变化而改变，其大小由平衡方程确定，介于零和最大值之间，即

$$0 \leqslant F \leqslant F_{max} \tag{1-9}$$

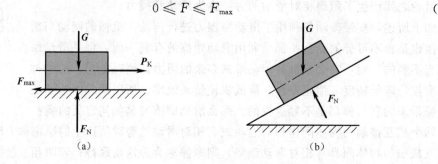

（a）　　　　　　　　　　　　　（b）

图 1-42　法向反力

2. 动滑动摩擦力 F'

图 1-43 中，当拉力增大到 P'，$P' > F_{max}$ ，物体出现滑动，此时接触面上存在动滑动摩擦力 F' ，它的方向与两物体间相对运动的方向相反。通过实验也可得出与静滑动摩擦定律相似的动滑动摩擦定律。即

$$F' = \mu F_N \tag{1-10}$$

式中 μ 称为**动摩擦因数**。它除了与接触面的材料、表面粗糙度、温度、湿度等有关以外，还与物体的滑动速度有关。常用材料的 μ_s、μ 值如表 1-1 所示。

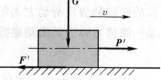

图 1-43　动滑动摩擦力

表中可见，$\mu < \mu_s$。一般工程中，在精确度要求不高的情况下，可近似认为动摩擦因数与静摩擦因数相等。

表 1-1　常用材料的摩擦因数

材料名称	滑动摩擦因数			
	静摩擦因数 μ_s		动摩擦因数 μ	
	无润滑剂	有润滑剂	无润滑剂	有润滑剂
钢与钢	0.15	0.1～0.2	0.15	0.05～0.1
钢与铸铁	0.3		0.18	0.05～0.15
钢与青铜	0.15	0.1～0.15	0.15	0.1～0.15
橡胶与铸铁			0.8	0.5
木与木	0.4～0.6	0.1	0.2～0.5	0.07～0.15

综上所述，滑动摩擦力与物体产生滑动的外力之间的关系如图 1-44 所示。

【例 1-8】已知 $G = 200$ N，$P = 100$ N 物体与接触面之间的滑动摩擦因数 $\mu_s = 0.5$，$\mu = 0.3$。判断图 1-45（a）、（b）所示的两种情况下物体的状态，并确定滑动摩擦力。

分析：判断物体是静止状态、临界状态、滑动状态可利用公式（1-9）

$$0 \leqslant F \leqslant F_{\max}$$

若静滑动摩擦力满足 $F < F_{\max}$ 则物体处于静止状态。若静滑动摩擦力满足 $F = F_{\max}$ 则物体处于临界状态；若静滑动摩擦力满足 $F > F_{\max}$，则物体已滑动。

图 1-44　滑动摩擦力与外力的关系

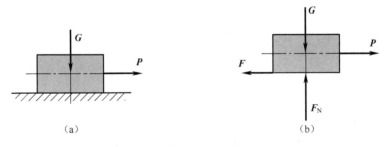

（a）　　　　　　　　　　（b）

图 1-45　物体的两种受力情况

解：

（1）计算静滑动摩擦力 $\boldsymbol{F}$。

如图 1-45（a）所示，$P_合 = P = 100$ N

$$F = P_合 = 100\text{N}$$

（2）计算物体的最大静滑动摩擦力 $\boldsymbol{F}_{\max}$。

如图 1-45（b）所示，$F_N = G = 200$ N

$$F_{\max} = \mu_s F_N = 0.5 \times 200\text{ N} = 100\text{ N}$$

（3）判断。

因为 $F = 100 \text{ N}$ $F_{\max} = 100 \text{ N}$

$$F = F_{\max}$$

所以物体处于临界状态。

此时的滑动摩擦力为最大静滑动摩擦力 $F_{\max}$，其大小为 100 N。

【例 1-9】$G = 200 \text{ N}, P = 100 \text{ N}$，物体与接触面之间的滑动摩擦因数 $\mu_s = 0.5, \mu = 0.3$。判断如图 1-46（a）、（b）两种情况下物体的状态，并确定滑动摩擦力。

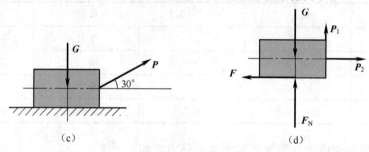

（c）　　　　　　　　　　（d）

图 1-46　两种情况下物体的受力

解：

（1）计算静滑动摩擦力 F。

拉力 P 对物体作用可分解为两个分力，即

法向分力　　　　　　$P_1 = P\sin30° = 100 \times 0.5 = 50 \text{ N}$

水平分力　　　　　　$P_2 = P\cos30° = 100 \times 0.866 = 86.6 \text{ N}$

$$P_合 = P_1 = 86.6 \text{ N}$$

$$F = P_合 = P_1 = 86.6 \text{ N}$$

（2）计算物体的最大静滑动摩擦力 $F_{\max}$。

$$F_N + P_1 = G$$

$$F_N = G - P_1 = 200 - 50 = 150 \text{ N}$$

$$F_{\max} = \mu_s F_N = 0.5 \times 150 = 75 \text{ N}$$

（3）判断。

$$因为 F = 86.6 \text{ N} \qquad F_{\max} = 75 \text{ N}$$

$$F > F_{\max}$$

所以物体已滑动。

此时的滑动摩擦力为动滑动摩擦力 F'，其大小为 $F' = \mu F_N = 0.3 \times 150 = 45 \text{ N}$。

1.5.2　摩擦角

1. 全反力

图 1-47 中，重量为 G 的物体置于水平支承面上，作用于物体上的主动力为 P。此时对物体的约束力为法向反力 F_N，阻碍物体滑动的静摩擦力 F。那么以法向反力 F_N 及静滑动摩擦力 F 为边作矩形，其对角线为两个力的合力 F_R，F_R 称为支承面对物体的**全反力**。全反力 F_R 与法向反力 F_N 之间的夹角用 φ 表示。φ 随外力的不断增加而加大，是一个变量.

2. 摩擦角

图 1-48 中，当主动力为 P_K 时，静滑动摩擦力达到最大静滑动摩擦力 F_{max}，那么法向反力 F_N 与最大滑动摩擦力 F_{max} 的合力也达到最大值 F_{Rm}，全反力 F_{Rm} 与法向反力 F_N 之间的夹角为确定值 φ_m，那么 φ_m 称为物体的**摩擦角**。

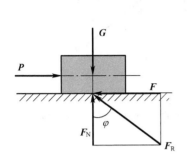

图 1-47　全反力

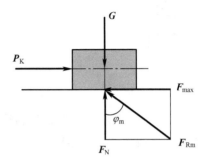

图 1-48　摩擦角

3. 摩擦角与静摩擦因数的关系

由法向反力 F_N、最大静滑动摩擦力 F_{max} 组成的矩形关系，转变为力的三角形关系如图 1-49 所示。

得到

$$\tan\varphi_m = \frac{F_{max}}{F_N} = \frac{\mu_s F_N}{F_N} = \mu_s$$

即

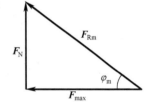

图 1-49　力的三角形关系

$$\tan\varphi_m = \mu_s \tag{1-11}$$

上式表示物体摩擦角的正切值等于摩擦因数。说明摩擦角与摩擦因数都是同一性质的量，它们都能反映物体的摩擦性能的好坏。工程中经常用摩擦角判断物体的摩擦性能。

1.5.3　物体的自锁

图 1-50 所示为螺纹千斤顶。千斤顶受力时，无论外力多大，螺杆都能保持平衡状态，这种现象称为物体的**自锁现象**。那么在外力不断加大时，为什么螺杆能保持平衡状态呢？因为它满足物体的自锁条件。

图 1-51 中，由矩形关系可知，主动力 G 与 P 合力为 F'_R，F'_R 与法向的夹角为 α。物体静止时，随主动力 P 不断增加，F'_R 也不断增加，全反力 F_R 也随之增加，并且 F'_R、F_R 的作用线保持共线（满足二力平衡性质），同时 φ 与 α 总是保持相等，直到临界状态即 $\alpha = \varphi_m$。也就是说，无论主动力的合力如何变化，总有一个全反力与之平衡，这就是物体自锁的原因。

根据上述可推出：

因为物体平衡时，$\alpha = \varphi_m$ 并且 $\varphi \leqslant \varphi_m$

所以，物体自锁条件为

$$\alpha \leqslant \varphi_m \tag{1-12}$$

即物体所受的主动力合力与接触面法线的夹角 α 小于或等于物体摩擦角 φ_m。

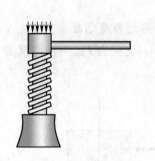

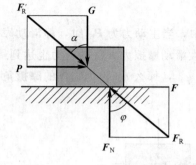

图 1-50 螺纹千斤顶　　　　　　　　图 1-51 自锁现象分析

【例 1-10】图 1-52 所示为重为 G 的物体放在倾角为 β 的斜面上，其摩擦角为 φ_m，问物体在斜面上保持平衡的自锁条件是什么？

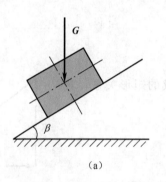

（a）

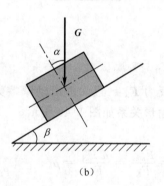

（b）

图 1-52 物体在斜面上

解：

根据公式（1-12）确定物体的主动力的合力与接触面的法向的夹角 α，因为斜面上物体的主动力只有重力 G，所以其合力就是 G。它与接触面的夹角为 α。

根据几何关系可知，斜面的倾角 β 与 α 相等，即 $α = β$，代入（1-12）中有

$$\beta \leqslant \varphi_m$$

上式为斜面上物体的自锁条件，说明斜面上物体的自锁与斜面的倾角有关。

若斜面倾角 β 小于或等于摩擦角 φ_m，则物体自锁；若斜面倾角 β 大于摩擦角 φ_m，则物体向下滑动。

斜面物体的自锁条件在工程中有很多的应用。例如：

（1）千斤顶的螺杆上螺纹升角要小于材料的摩擦角，如图 1-50 所示。

（2）铁路路基侧面的最大倾角应小于摩擦角，以防滑坡，如图 1-53 所示。

（3）自动卸货汽车的翻斗与车身上抬起的角度应大于摩擦角，以保证卸车时能将翻斗内的货物倾卸干净，如图 1-54 所示。

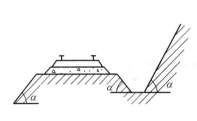

图 1-53　铁路路基

图 1-54　自动卸货汽车

问题思考

1. 库仑定律中的 F_N 的大小一定等于物体的重量吗？

2. 驱动汽车后轮的滑动摩擦力是什么方向？起什么作用？

3. 图 1-55 中，物体上作用力 P，A 与 B 之间的滑动摩擦力为 F_1，A 与地面之间滑动摩擦力为 F_2，当 $F_1 < P < F_2$ 时，A、B 两物体各作什么运动？

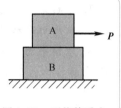

图 1-55　两物体受力

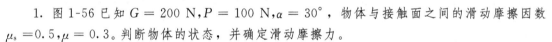

习　　题

1. 图 1-56 已知 $G = 200\ \text{N}, P = 100\ \text{N}, \alpha = 30°$，物体与接触面之间的滑动摩擦因数 $\mu_s = 0.5, \mu = 0.3$。判断物体的状态，并确定滑动摩擦力。

2. 图 1-57 中，物体的重量 $G = 1000\ \text{N}$，水平推力 $P = 300\ \text{N}$，计算物体的平衡时的摩擦角 φ_m 及最大的静摩擦因数 μ_s。

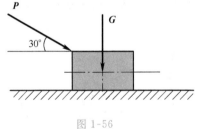

图 1-56

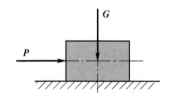

图 1-57

3. 针对图 1-58 中的装置，说明如何利用斜面上物体自锁的条件测量物体摩擦因数 μ_s。

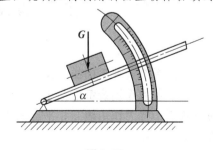

图 1-58

第2章　平面力系的平衡

1. 会熟练求解力在坐标轴上的投影及合力在坐标轴上的投影。

2. 熟悉力平移定理的应用。

3. 理解平面汇交力系、平面力偶系、平面平行力系的平衡条件，并能熟练地利用平衡方程求解物体的平衡问题。

知识点

1. 力在坐标轴上的投影、合力投影定理。

2. 力的平移定理。

3. 平面汇交力系、平面力偶系、平面平行力系的平衡条件及其平衡方程。

4. 利用平面汇交力系、平面力偶系、平面平行力系的平衡方程求解工程实际问题。

相关链接

力系在现代工程中的应用

力系广泛应用于工程结构中，如大跨度的桁架桥梁、港口的大型鹤式起重机、建筑工地的塔式起重机、房屋的屋架等。

北京南站桁架结构候车大厅

某铁路跨线桁架桥

工程实际中，作用于构件上的力系有各种不同的类型。各力作用线都在同一平面内的力系，称为**平面力系**。在平面力系中，各力作用线都汇交于一点的力系称为**平面汇交力系**；全部由力偶组成的力系称为**平面力偶系**；各力作用线互相平行的力系称为**平面平行力系**。本章主要介绍各种平面力系的合成与平衡问题。

2.1.1 力在直角坐标下的投影

设力 $\boldsymbol{F}$ 作用于物体某平面内的 A 点，方向由 A 点指向 B 点，且与水平线夹角为 α。在力 $\boldsymbol{F}$ 作用的物体平面内建立直角坐标系 xOy，如图 2-1 所示。过力 $\boldsymbol{F}$ 的起点 A 和终点 B 分别向 x 轴作垂线，垂足分别为 a、b，线段 ab 称为力 $\boldsymbol{F}$ 在 x 轴上的投影，记作 F_x。同理，线段 $a'b'$ 称为力 $\boldsymbol{F}$ 在 y 轴上的投影，记作 F_y。

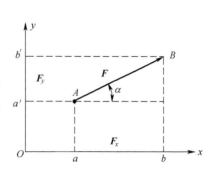

图 2-1 力在坐标轴上的投影

力在坐标轴上的投影为代数量，其正负规定为：若从 a 到 b（从 a' 到 b'）的方向与 x（y）轴正向一致，则取正号；反之取负号。

若力 $\boldsymbol{F}$ 与 x 轴所夹锐角为 α，则力 $\boldsymbol{F}$ 在 x 轴、y 轴的投影表示为

$$\begin{cases} F_x = \pm F\cos\alpha \\ F_y = \pm F\sin\alpha \end{cases} \tag{2-1}$$

若力 $\boldsymbol{F}$ 在平面直角坐标轴上的投影 F_x、F_y 为已知量，则该力 $\boldsymbol{F}$ 的大小和方向为

$$\begin{cases} F = \sqrt{F_x^2 + F_y^2} \\ \tan\alpha = \left| \dfrac{F_y}{F_x} \right| \end{cases} \tag{2-2}$$

式中，α 为力 $\boldsymbol{F}$ 与 x 轴所夹锐角。

2.1.2 平面汇交力系的合成

设一刚体受平面汇交力系 $\boldsymbol{F}_1$，$\boldsymbol{F}_2$，$\cdots$，$\boldsymbol{F}_n$ 作用，按两个力合成的平行四边形法则依次类推，从而得出力系的合力等于各分力的矢量和，即

$$\boldsymbol{F}_R = \boldsymbol{F}_1 + \boldsymbol{F}_2 + \cdots + \boldsymbol{F}_n = \sum \boldsymbol{F} \tag{2-3}$$

将平面汇交力系中各力分别向 x、y 轴投影，则有

$$\begin{cases} F_{Rx} = F_{1x} + F_{2x} + \cdots + F_{nx} = \sum F_x \\ F_{Ry} = F_{1y} + F_{2y} + \cdots + F_{ny} = \sum F_y \end{cases} \tag{2-4}$$

式（2-4）表明，力系中的合力在某一轴上的投影等于各分力在同一轴上投影的代数和，这就是**合力投影定理**。

合力的大小和方向为

$$\begin{cases} F_R = \sqrt{(F_{Rx})^2 + (F_{Ry})^2} = \sqrt{\left(\sum F_x\right)^2 + \left(\sum F_y\right)^2} \\ \tan\alpha = \left| \dfrac{\sum F_y}{\sum F_x} \right| \end{cases} \tag{2-5}$$

式中，α 为合力 $\boldsymbol{F}_R$ 与 x 轴所夹锐角，$\boldsymbol{F}_R$ 的指向由 $\sum F_x$ 和 $\sum F_y$ 的正负来确定。

【例 2-1】求如图 2-2 所示平面汇交力系的合力。

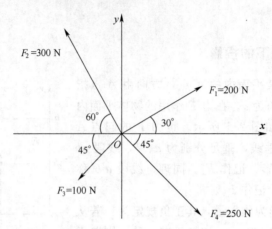

图 2-2　平面力系

解:

$$\begin{cases} F_{1x} = F_1 \cos 30° = 200 \times \dfrac{\sqrt{3}}{2} = 173.2 \text{ N} \\ F_{1y} = F_1 \sin 30° = 200 \times \dfrac{1}{2} = 100 \text{ N} \end{cases} ; \begin{cases} F_{2x} = -F_2 \cos 60° = -300 \times \dfrac{1}{2} = -150 \text{ N} \\ F_{2y} = F_2 \sin 60° = 300 \times \dfrac{\sqrt{3}}{2} = 259.8 \text{ N} \end{cases}$$

$$\begin{cases} F_{3x} = -F_3 \cos 45° = -100 \times \dfrac{\sqrt{2}}{2} = -70.7 \text{ N} \\ F_{3y} = -F_3 \sin 45° = -100 \times \dfrac{\sqrt{2}}{2} = -70.7 \text{ N} \end{cases}$$

$$\begin{cases} F_{4x} = F_4 \cos 45° = 250 \times \dfrac{\sqrt{2}}{2} = 176.75 \text{ N} \\ F_{4y} = -F_4 \sin 45° = -250 \times \dfrac{\sqrt{2}}{2} = -176.75 \text{ N} \end{cases}$$

$$\begin{cases} F_{Rx} = \sum F_x = F_{1x} + F_{2x} + F_{3x} + F_{4x} = 173.2 - 150 - 70.7 + 176.75 = 129.25 \text{ N} \\ F_{Ry} = \sum F_y = F_{1y} + F_{2y} + F_{3y} + F_{4y} = 100 + 259.8 - 70.7 - 176.75 = 112.35 \text{ N} \end{cases}$$

$$F_R = \sqrt{F_{Rx}^2 + F_{Ry}^2} = \sqrt{129.25^2 + 112.35^2} = 171.3 \text{ N}$$

$$\alpha = \arctan \frac{\sum F_y}{\sum F_x} = \arctan \frac{112.35}{129.25} = 40.977°$$

2.1.3　平面汇交力系的平衡

平面汇交力系平衡的必要与充分条件是力系的合力为零。由式（2-5）可得

$$F_R = \sqrt{\left(\sum F_x\right)^2 + \left(\sum F_y\right)^2} = 0$$

即

$$\begin{cases} \sum F_x = 0 \\ \sum F_y = 0 \end{cases} \tag{2-6}$$

式（2-6）表示平面汇交力系平衡的充分必要条件是力系中各力在两个直角坐标轴上投影的代数和均为零。式（2-6）为**平面汇交力系的平衡方程**，这是两个独立的方程，可以求解两个未知量。

【**例 2-2**】如图 2-3（a）所示重物 $F_G = 20\ \text{kN}$，用钢丝绳挂在支架的滑轮 B 上，钢丝绳的另一端绕在铰车 D 上。杆 AB 与 BC 铰接，并以铰链 A、C 与墙连接。如两杆与滑轮的自重不计并忽略摩擦和滑轮的大小，试求平衡时杆 AB 和 BC 所受的力。

解：

（1）取研究对象：由于忽略各杆的自重，AB、BC 两杆均为二力杆。假设杆 AB 承受拉力，杆 BC 承受压力，如图 2-3（b）所示。为了求这两个未知力，可通过两杆对滑轮的约束力来求解。因此，选择滑轮 B 为研究对象。

（2）画受力图：滑轮受到钢丝绳的拉力 F_T。此外，杆 AB 和 BC 对滑轮的约束力为 F_{BA} 和 F_{BC}。由于滑轮的大小可以忽略不计，作用于滑轮上的力构成平面汇交力系，如图 2-3（c）所示。

（3）列平衡方程求解：选取坐标系 xBy 如图 2-3（c）所示。为避免解联立方程组，坐标轴应尽量取在与未知力作用线相垂直的方向，这样，一个平衡方程中只有一个未知量，即

$$\sum F_x = 0, -F_{BA} + F_T \cos 60^\circ - F_T \cos 30^\circ = 0$$

$$\sum F_y = 0, F_{BC} - F_T \sin 60^\circ - F_T \sin 30^\circ = 0$$

解方程得

$$F_{BA} = F_T \cos 60^\circ - F_T \cos 30^\circ = 20 \times \frac{1}{2} - 20 \times \frac{\sqrt{3}}{2} = -7.32\ \text{kN}$$

$$F_{BC} = F_T \sin 60^\circ + F_T \sin 30^\circ = 20 \times \frac{\sqrt{3}}{2} + 20 \times \frac{1}{2} = 27.32\ \text{kN}$$

所求结果中，F_{BC} 为正值，表示力的实际方向与假设方向相同，即杆 BC 受压。F_{BA} 为负值，表示该力的实际方向与假设方向相反，即杆 AB 也受压力作用。

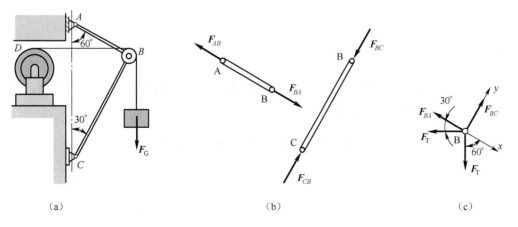

（a）　　　　　　　　　　　（b）　　　　　　　　　　　（c）

图 2-3　钢丝绳吊物及受力图

问题思考

1. 想一想，当力与坐标轴垂直时，力在该轴的投影大小？当力与坐标轴平行时，力在该轴的投影大小？

2. 在图 2-1 中画出力 F 的两个相互垂直的分力 F_x 和 F_y，试分析力 F 的两个分力与其在直角坐标轴上投影的区别？

3. 观察周围的物体，哪些是受到平面汇交力系的作用而平衡？平面汇交力系的平衡方程是什么？能求解几个未知量？

2.2 平面力偶系

2.2.1 平面力偶系的合成

设在同一个平面内有两个力偶（$F_1 F_1'$）和（$F_2 F_2'$），它们的力偶臂分别为 d_1 和 d_2，如图 2-4（a）所示。这两个力偶的力偶矩分别为 M_1 和 M_2。根据力偶的性质，在保持力偶矩不变的情况下，同时改变两个力偶中力的大小和力偶臂的长短，使它们具有相同的臂长 d，并将它们在其作用面内转动、移动，使力的作用线两两重合，如图 2-4（b）所示。于是得到与原力偶等效的两个新力偶（$F_{1P} F_{1P}'$）和（$F_{2P} F_{2P}'$）。F_{1P} 和 F_{2P} 的大小为

$$F_{1P} = \frac{M_1}{d}, F_{2P} = \frac{M_2}{d}$$

分别将作用在 A、B 两点的力合成得：$F = F_{1P} - F_{2P}$，$F' = F_{1P}' - F_{2P}'$。则 F、F' 构成了一个与原力偶系等效的合力偶（$F F'$），如图 2-4（c）所示。合力偶的矩为

$$M = F \cdot d = (F_{1P} - F_{2P})d = F_{1P}d - F_{2P}d = M_1 - M_2$$

即合力偶矩等于各分力偶矩的代数和。

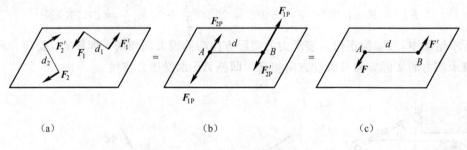

(a)　　　　　　　　　　(b)　　　　　　　　　　(c)

图 2-4　平面力偶系的合成

推广到一般情况，同平面内任意多个力偶构成的力偶系可以合成为一个合力偶，合力偶矩等于各分力偶矩的代数和，即

$$M = M_1 + M_2 + \cdots + M_n = \sum_{i=1}^{n} M_i \tag{2-7}$$

2.2.2 平面力偶系的平衡

由合力偶矩可知，力偶系平衡时，其合力偶之矩必为零。因此平面力偶系平衡的充要条件是：力偶系中各分力偶矩的代数和为零，即

$$\sum_{i=1}^{n} M_i = 0 \qquad\qquad (2\text{-}8)$$

式（2-8）为**平面力偶系的平衡方程**，这个独立的方程，可以求解一个未知量。

【例 2-3】如图 2-5（a）所示一简支梁 AB 上作用一力偶矩为 $M = 100$ N·m 的力偶，不计梁自重，求支座 A、B 处的约束力。（$l_{AB} = d = 0.5$ m）

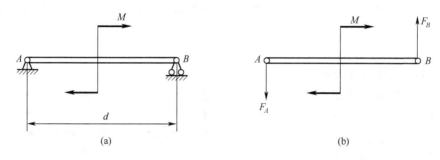

图 2-5　简支梁

解：

（1）取梁 AB 为研究对象。梁 AB 在矩为 M 的力偶及支座 A、B 处的约束力作用下平衡，所以支座 A、B 处的约束力应组成一个逆时针转向的力偶。由于支座 B 为可动铰链支座，约束力 $\boldsymbol{F}_B$ 的方向垂直支承面向上，所以支座 A 的约束力 $\boldsymbol{F}_A$ 的方向应垂直向下，且 $F_A = F_B$。

（2）画梁 AB 的受力图，如图 2-5（b）所示。

（3）列平衡方程。梁 AB 受平面力偶系作用而平衡，列平面力偶系的平衡方程为

$$\sum M = 0, \quad -M + F_A d = 0$$

得

$$F_A = \frac{M}{d} = \frac{100}{0.5} = 200 \text{ N}$$

$$F_A = F_B = 200 \text{ N}$$

🔔 问题思考

1. 分析【例 2-3】，力偶在梁上的位置，对支座 A、B 的约束力有没有影响？

2. 观察周围的物体，哪些是受到平面力偶系的作用而平衡？平面力偶系的平衡方程是什么？能求解几个未知量？

2.3　平面平行力系

若平面力系中各力的作用线相互平行，则称为**平面平行力系**。对于平面平行力系，在选择投影轴时，使其中一个投影轴垂直于各力作用线，则式（2-6）中必有一个投影方程为恒

等式。所以，平面平行力系只有一个投影方程和一个力矩方程，即

$$\begin{cases} \sum F_x = 0, (或 \sum F_y = 0) \\ \sum M_O(\boldsymbol{F}) = 0 \end{cases} \tag{2-12}$$

式（2-12）为**平面平行力系的平衡方程**。平面平行力系有两个独立的平衡方程，能求解而且只能求解两个未知量。

【例 2-4】 某塔式起重机如图 2-11 所示。机架重 $F_{G1} = 700$ kN，作用线通过塔架的中心。最大起重量为 $F_{G2} = 200$ kN，最大悬臂长 12 m，轨道 AB 的间距为 4 m，平衡载荷重 F_{G3}，距中心线 6 m。试问：① 保证起重机在满载和空载时都不至于翻倒，平衡载荷 F_{G3} 应为多少？②已知平衡荷重 $F_{G3} = 180$ kN，当满载、且重物在最右端时，轨道 A、B 对起重机轮子的约束力为多少？

解：

（1）取起重机为研究对象。

（2）画起重机受力图如图 2-11 所示。要使起重机不翻倒，应使作用在起重机上的力系满足平衡条件。起重机所受的力有：载荷 F_{G2}，机架自重 F_{G1}，平衡荷重 F_{G3}，以及轨道的约束力 F_A、F_B。

满载时，为使起重机不绕 B 点向右翻倒，作用在起重机上的力必须满足 $\sum M_B(\boldsymbol{F}) = 0$，在临界情况下 $F_A = 0$，这时求出的 F_{G3} 值即为所允许的最小值。

空载时，$F_{G2} = 0$。为使起重机不绕 A 点向左翻倒，作用在起重机上的力必须满足条件 $\sum M_A(\boldsymbol{F}) = 0$。在临界情况下 $F_B = 0$。这时求出的 F_{G3} 值是所允许的最大值。

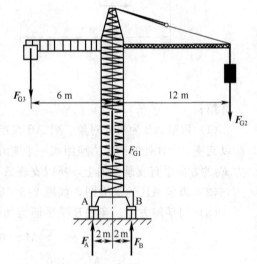

图 2-11 塔式起重机

（3）列平衡方程求解。

满载时，$F_{G2} = F_{Gmax}$，$F_{G3} = F_{Gmin}$，$F_A = 0$

$$\sum M_B(\boldsymbol{F}) = 0, 得 F_{G3} \cdot (6+2) + F_{G1} \cdot 2 - F_{G2} \cdot (12-2) = 0$$

$$F_{G3} = F_{Gmin} = \frac{F_{G2} \cdot 10 - F_{G1} \cdot 2}{8} = \frac{200 \times 10 - 700 \times 2}{8} = 75 \text{ kN}$$

空载时，$F_{G2} = 0$，$F_{G3} = F_{Gmax}$，$F_B = 0$

$$\sum M_A(\boldsymbol{F}) = 0, 得 F_{G3} \cdot (6-2) - F_{G1} \cdot 2 = 0$$

$$F_{G3} = F_{Gmax} = \frac{F_{G1} \cdot 2}{4} = \frac{700 \times 2}{4} = 350 \text{ kN}$$

所以，要使起重机不至于翻倒，F_{G3} 必须满足：75 kN $< F_{G3} <$ 350 kN

（4）当 $F_{G3} = 180$ kN 时，起重机可处于平衡状态。此时起重机在 F_{G1}、F_{G2}、F_{G3} 以及 F_A、F_B 作用下处于平衡状态。根据平面平行力系的平衡方程有

$$\sum M_A(\boldsymbol{F}) = 0, 得 F_{G3} \cdot (6-2) - F_{G1} \cdot 2 + F_B \cdot (2+2) - F_{G2} \cdot (12+2) = 0$$

$$F_B = \frac{F_{G1} \cdot 2 + F_{G2} \cdot 14 - F_{G3} \cdot 4}{4} = \frac{700 \times 2 + 200 \times 14 - 180 \times 4}{4} = 870 \text{ kN}$$

$$\sum F_y = 0, 得 F_{G3} - F_{G1} + F_B - F_{G2} + F_A = 0$$

$$F_A = F_{G3} + F_{G2} + F_{G1} - F_B = 180 + 200 + 700 - 870 = 210 \text{ kN}$$

 问题思考

　　观察周围的物体，哪些是受到平面平行力系的作用而平衡？平面平行力系的平衡方程还可以有什么表达形式？能求解几个未知量？

习　　题

　　1. 如图 2-12 所示，$F_1 = 200$ N，$F_2 = 300$ N，$F_3 = 100$ N。试求各力在直角坐标系中的投影。

　　2. 同一平面的三根钢索边连接在一固定环上，如图 2-13 所示，已知三钢索的拉力分别为：$F_1 = 400$ N，$F_2 = 800$ N，$F_3 = 1600$ N。试求三根钢索在环上作用的合力。

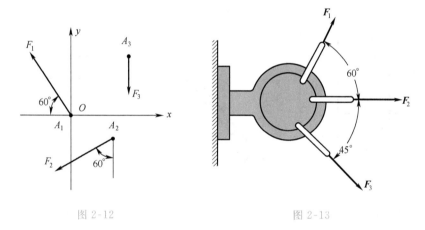

图 2-12　　　　　　　　　　　　图 2-13

　　3. 梁 AB 受力情况如图 2-14 所示，已知 $F = 1000$ N，试求支座 A、B 的约束力。

　　4. 如图 2-15 所示的压榨机构，杆 AB 和 BC 的长度相等，自重忽略不计。A、B、C 处均为光滑铰链连接。已知活塞 D 上受到油缸内的总压力为 $F = 3$ kN，$h = 200$ mm，$l = 1500$ mm。试求压块 C 对工件与地面的压力，以及杆 AB 所受的压力。

　　5. 如图 2-16 所示的工件上作用有三个力偶。已知三个力偶矩分别为：$M_1 = M_2 = 10$ N·m，$M_3 = 20$ N·m；固定螺柱 A 和 B 的距离 $l = 200$ mm。求两个光滑螺柱所受的水平力。

　　6. 如图 2-17 所示，横梁 AB 长 l，A 点用铰链杆 AD 支撑，B 点为固定铰链。梁上受到一力偶的作用，其力偶矩为 M。不计梁和支杆的自重，求 A 和 B 点的约束力。

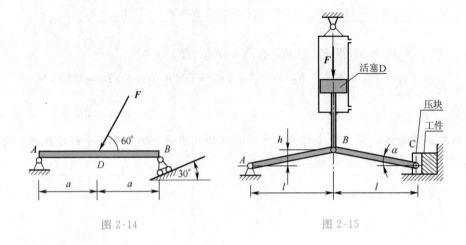

图 2-14

图 2-15

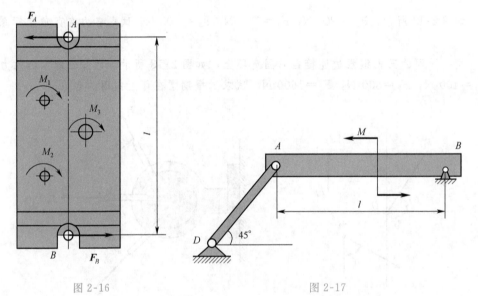

图 2-16

图 2-17

7. 如图 2-18 所示车载式起重机车重 $F_{G1} = 26$ kN，起重机伸臂重 $F_{G2} = 4.5$ kN，起重机的旋转与固定部分共重 $F_{G3} = 31$ kN。尺寸如图所示。设伸臂在起重机同一平面内，如图示位置，试求车子不至于翻倒的最大起吊重量 F_{Gmax}。

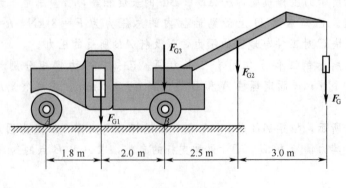

图 2-18

8. 图 2-19 已知 $F=400$ N，$q=10$ N/cm，$M=200$ N·m，$a=50$ cm，求各梁的支座反力。

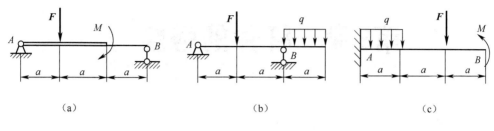

（a）　　　　　　（b）　　　　　　（c）

图 2-19

第3章 杆件的强度

 学习目标

1. 理解杆件的强度、刚度、稳定性等承载能力要求。
2. 了解构件基本变形的概念及形式。
3. 熟悉构件内力、应力的概念。
4. 掌握构件在各种变形形式下横截面上内力的分析方法及内力图的绘制。
5. 熟练地运用强度条件解决工程中的实际问题。

知识点

1. 构件的强度、刚度、稳定性。
2. 构件的轴向拉伸与压缩、剪切与挤压、扭转、弯曲变形。
3. 构件内力、应力。
4. 分析构件在各种变形形式下横截面上内力、如何绘制内力图。
5. 计算构件横截面上的应力。
6. 运用强度条件解决工程实际问题。

相关链接

    1638年意大利数学家、力学家伽利略在荷兰出版了世界上第一本材料力学教材，首先提出了材料力学性质和强度计算的方法。我们的祖先建筑学家李诚在撰写的《营造法式》书中完整地总结了建筑设计结构用料和施工的规范，全书共36卷357篇，图文并茂、洋洋大观。书中对构件尺寸做了十分详细的规定，给出了许多经验公式，其中写到"凡梁之大小，各随其广分为三分，以二分为厚。"意思是房梁要从圆木中截高与宽之比为3∶2的矩形最合理。这与材料力学的结论基本吻合。

李诚（1035—1110）

3.1 杆件承载能力分析的基础

3.1.1 承载能力分析

构件在各种不同方式的外力作用下会产生不同形式的变形。变形的基本形式有下列四种：轴向拉伸或压缩、剪切、扭转、弯曲，如图 3-1 所示。

工程实际中，机械设备在正常工作时，每个构件都要承受一定的载荷（外力），它们的尺寸和形状都会发生变化，并在载荷增加到一定程度时发生破坏。为了保证机械设备在载荷作用下能安全可靠地工作，必须要求每个构件具有足够的承受载荷的能力，简称**承载能力**。

构件的承载能力分为强度、刚度（有的构件还要考虑稳定性问题）。

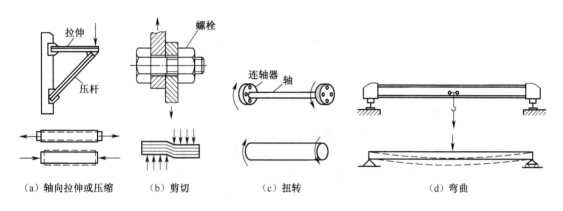

（a）轴向拉伸或压缩   （b）剪切   （c）扭转   （d）弯曲

图 3-1 构件的基本变形形式

（1）强度 构件抵抗破坏的能力称为**强度**。构件在外力作用下不发生破坏必须具有足够的强度。例如，房屋大梁、机器中的传动轴不能断裂等。强度要求是对构件的最基本要求。

（2）刚度 构件抵抗变形的能力称为**刚度**。在某些情况下，构件虽有足够的强度，但若受力后变形过大，即刚度不够，也会影响正常工作。例如，机床主轴变形过大，将影响加工精度；吊车梁变形过大，吊车行驶时会产生较大振动，使行驶不平稳，有时还会产生"爬坡"现象，需要更大的驱动力。因此对这类构件要保证有足够的刚度。

（3）稳定性 构件受载后保持原有平衡状态的能力称为**稳定性**。例如，千斤顶的螺杆，内燃机的连杆等。

本章主要研究构件在载荷（外力）作用下的受力、变形与破坏的规律，在保证构件既安全适用又尽可能经济合理的前提下，为构件选择合适的材料、确定合理的截面形状尺寸提供必要的理论知识和实用的计算方法。

3.1.2 内力

一般把作用于构件上的载荷和约束力统称为**外力**。构件在外力作用下，由于变形引起的内部相互作用力的改变量，称为**附加内力**，简称内力。根据材料的基本假设，内力在截面上连续分布，组成一个分布内力系，通常内力是指该分布力系的合力或合力偶。构件的内力随外力增加而增大，当增大到某一限度时，构件将发生破坏，因此内力与构件的强度密切相关，内力分析和计算是本章的重要内容。

求解内力的基本方法是**截面法**。图 3-2（a）所示为杆在一对外力 **F** 的作用下处于平衡状态，外力 **F** 的作用线与杆的轴线重合，要求某一截面 $n-n$ 上的内力。假想用一平面在 $n-n$ 处将杆截开，分成左右两段，如图 3-2（b）所示。取左段为研究对象，用分布内力的合力 F_N 来代替右段对左段的作用。由于杆件原来处于平衡状态，故截开后的两段也应处于平衡状态。由平衡方程$\sum Fx = 0$，可得：

$$F_N - F = 0, \quad F_N = F$$

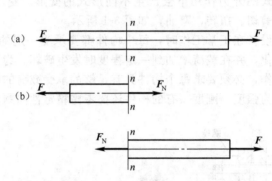

图 3-2　截面法求内力

综上所述，用截面法求内力的步骤为：

（1）截　在欲求内力处，假想用截面将构件截成两段。

（2）取　取其中任意一段（左段或右段）为研究对象，而弃去另一段。

（3）代　用作用于截面上的内力，代替弃去部分对留下部分的作用力。

（4）平　列研究对象的平衡方程，由外力确定该截面的内力。

3.1.3　应力

仅知道内力还无法判断构件的强度。例如，用相同的力拉材料相同、粗细不等的杆，随着拉力的增加，虽然两者的内力相同，但细杆首先被拉断。说明构件的强度不仅与内力有关，而且与横截面面积有关。截面上内力分布的集度称为**应力**，它是一个矢量，可分为**正应力** σ（垂直于截面的应力）和**切应力** τ（切于截面的应力）。应力的单位是：N/m²（Pa）、N/mm²（MPa）。换算：$1\ MPa = 10^6\ Pa = 10^6\ N/m^2$。工程上常用应力来衡量杆件的受力程度。

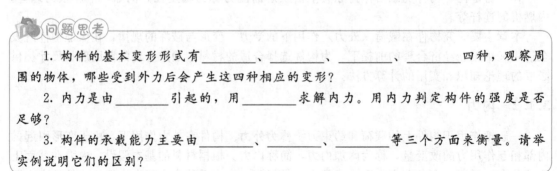

1. 构件的基本变形形式有 _____ 、_____ 、_____ 、_____ 四种，观察周围的物体，哪些受到外力后会产生这四种相应的变形？

2. 内力是由 _____ 引起的，用 _____ 求解内力。用内力判定构件的强度是否足够？

3. 构件的承载能力主要由 _____ 、_____ 、_____ 等三个方面来衡量。请举实例说明它们的区别？

3.2 杆件的拉（压）变形下的强度

3.2.1 杆件拉伸压缩变形

工程实际中，有许多杆件承受外力作用而产生轴向拉伸或压缩变形。图 3-3（a）所示的社区健身器材中的连杆、图 3-3（b）所示的连接螺栓等均为二力杆。虽然这些杆件的结构形式各有差异、加载方式各不相同，但它们都可看作是直杆，可简化成图 3-4 所示的计算简图。

这类杆件的受力特点是：作用于杆件两端的外力（或合外力）大小相等，方向相反，作用线与杆件轴线重合，即称**轴向力**。变形特点是：杆件沿轴线方向伸长或缩短。这种变形形式称为**拉伸或压缩**。

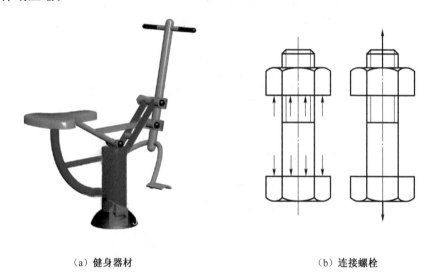

（a）健身器材　　　　　　　　　　　　　（b）连接螺栓

图 3-3　构件拉伸压缩变形

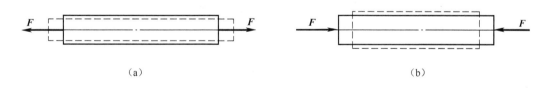

（a）　　　　　　　　　　　　　　　　　（b）

图 3-4　构件拉伸压缩变形计算简图

3.2.2 轴力与应力

1. 轴力

轴向拉（压）杆的内力称为**轴力**，用符号 F_N 表示，单位是 N（牛），方向与轴线重合。轴力的正负由杆件的变形确定。求轴力时采用截面法，为了保证无论是取左段还是取右段为研究对象，所求得的同一截面上轴力的正负号相同，规定：当轴力方向背离截面时，杆受拉，轴力为正，如图 3-5（a）所示；当轴力方向指向截面时，杆受压，轴力为负，如图 3-5（b）所示。一般将所求截面的轴力假设为正值。

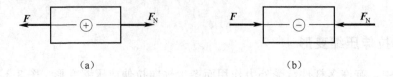

图 3-5　轴力的符号规定

为了形象直观地表明各截面轴力的变化情况，通常将其绘制成轴力图。轴力图的作图方法是：以杆的左端为坐标原点，取平行于轴线的 x 轴为横坐标轴，其值表示各横截面位置，取垂直于 x 轴的 F_N 为纵坐标轴，其值表示对应截面的轴力值，正值画在 x 轴上方，负值画在 x 轴下方。

【例 3-1】如图 3-6（a）所示的等截面直杆，受轴向力 $F_1 = 10$ kN，$F_2 = 20$ kN，$F_3 = 35$ kN，$F_4 = 25$ kN，求杆件 1-1、2-2、3-3 截面的轴力，并画出轴力图。

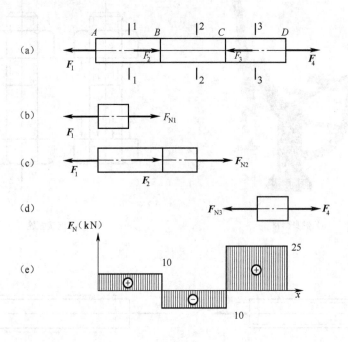

图 3-6　等截面直杆及轴力图

解：

（1）用截面法计算各截面上的轴力。

1-1 截面上的轴力如图 3-6（b）所示：沿截面 1-1 将杆件截成两段，取左段为研究对象，用轴力 F_{N1} 代替右段对左段杆的作用。由左段的平衡方程得

$$\sum F_x = 0, \quad F_1 - F_{N1} = 0$$

求得 $F_{N1} = F_1 = 10$ kN（杆受拉）

2-2 截面上的轴力如图 3-6（c）所示：沿截面 2-2 将杆件截成两段，求轴力 F_{N2}。

$$\sum F_x = 0, \quad F_1 - F_2 - F_{N2} = 0$$

求得：$F_{N2} = F_1 - F_2 = 10 - 20 = -10$ kN（杆受压）

3-3 截面上的轴力如图 3-6（d）所示：沿截面 3-3 将杆件截成两段，求轴力 F_{N3}。

$$\sum F_x = 0, \quad F_4 - F_{N3} = 0$$

求得 $F_{N3} = F_4 = 25$ kN（杆受拉）

（2）画轴力图，如图 3-6（e）所示。

由【例 3-1】可得结论：

（1）任一截面上的轴力等于该截面一侧所有外力的代数和，即 $F_N = \sum F$ 左（或 $\sum F$ 右）。

（2）截面左侧向左，右侧向右的外力产生正值轴力；截面左侧向右，右侧向左的外力产生负值轴力。

应用这两个结论，可以直接求得任一截面的轴力。根据轴力图可以粗略地了解杆件的变形趋势。在集中力作用处轴力图发生突变，突变幅度等于集中力的大小。

2. 应力

为了求得拉（压）杆横截面上任意一点的应力，必须了解内力在横截面上的分布规律。由于内力与变形之间存在着一定的关系，所以要从试验入手观察杆件的变形情况。

如图 3-7（a）所示，取一等截面直杆，试验前在杆件表面画上与杆轴线垂直的直线 ab 和 cd，然后在杆的两端作用一对轴向拉力 F 使杆件产生拉伸变形。此时可以观察到直线 ab 和 cd 分别平移到 $a'b'$ 和 $c'd'$ 位置，且仍垂直于杆件的轴线，如图 3-7（b）所示。根据此现象假设：变形前原为平面的横截面，变形后仍保持为平面，称为**平面假设**。根据平面假设可知拉杆变形时两横截面做相对平移，其间的所有纵向线段的伸长变形都相同。若假想材料是均匀连续的，可以推断出拉杆横截面上的内力是均匀分布的，所以横截面上各点的应力大小都是相等的，方向垂直于横截面，故称

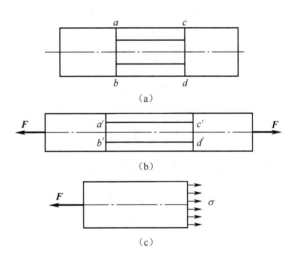

图 3-7 杆件的拉伸变形试验

为**正应力**，用符号 σ 表示如图 3-7（c）所示。拉（压）杆横截面正应力的计算公式为

$$\sigma = \frac{F_N}{A} \tag{3-1}$$

式中：δ 为横截面上的正应力，单位是 MPa；F_N 为横截面上的轴力，单位为是 N；A 为横截面面积，单位是 mm²。正应力 δ 和轴力 F_N 符号规定一样：拉应力为正，压应力为负。

【例 3-2】图 3-8（a）所示为双压手铆机的示意图。作用于活塞杆上的力分别简化为 $F_1 = 2.62$ kN，$F_2 = 1.3$ kN，$F_3 = 1.32$ kN，计算简图如图 3-8（b）所示。AB 段是直径 $D = 10$ mm 的实心杆，BC 段是外径 $D = 10$ mm，内径 $d = 5$ mm 的空心杆。求活塞杆各段横截面上的正应力。

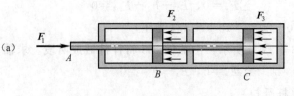

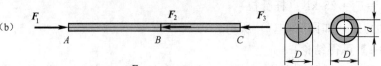

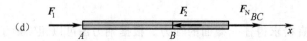

图 3-8 双压手铆机

解：

（1）计算轴力。

AB 段截面上的轴力：$F_N = -F_1 = -2.62$ kN（杆受压）

BC 段截面上的轴力：$F_N = -F_3 = -1.32$ kN（杆受压）

（2）计算正应力。

$$\sigma_{AB} = \frac{F_N}{A} = \frac{4F_N}{\pi D^2} = \frac{4 \times (-2.62) \times 10^3}{\pi \cdot 10^2} = -33.4 \text{ MPa（压应力）}$$

$$\sigma_{BC} = \frac{F_N}{A} = \frac{4F_N}{\pi(D^2 - d^2)} = \frac{4 \times (-1.32 \times 10^3)}{\pi \cdot (10^2 - 5^2)} = -22.4 \text{ MPa（压应力）}$$

3.2.3 拉（压）变形的强度计算

为了保证拉（压）杆具有足够的强度，能够安全耐久地工作，必须使其最大工作应力 σ_{max} 不超过材料的许用应力 $[\sigma]$。即拉（压）杆的强度条件为

$$\sigma_{max} = \frac{F_N}{A} \leqslant [\sigma] \tag{3-2}$$

产生 σ_{max} 的截面称为**危险截面**。式（3-2）中，F_N 和 A 分别为危险截面的轴力和横截面面积，材料的许用应力 $[\sigma]$ 是构件在安全正常工作时所允许承受的最大应力。

等截面直杆的危险截面位于轴力最大处；变截面杆的危险截面，须综合考虑 F_N、A 对工作应力的影响来确定。

利用强度条件，可以解决三个方面的问题：

（1）强度校核 已知构件所承担的载荷，构件的截面尺寸和材料的许用应力，可按式（3-2）检查构件是否满足强度要求。若式（3-2）成立，说明构件强度足够；否则强度不够。

（2）设计截面 已知构件所承担的载荷和材料的许用应力，由式 $A \geqslant \dfrac{F_N}{[\sigma]}$，可确定构件的横截面面积。再根据工程要求的截面形状，确定截面尺寸。

（3）确定许可载荷　已知构件截面尺寸和许用应力，由式 $F_N \leqslant A[\sigma]$ 确定构件所能承受的最大轴力，再根据内外力的静力平衡关系。确定结构所能承受的最大许可载荷。

【例 3-3】如图 3-9 所示的三角架，由 AB 与 BC 两根材料相同的圆形截面杆用铰链连接，材料的许用应力 $[\sigma]=100$ MPa。作用于节点 B 的载荷 $F=40$ kN，AB 杆的直径为 $d_{AB}=40$ mm，BC 杆的直径为 $d_{BC}=20$ mm，试校核 AB、BC 杆的强度。

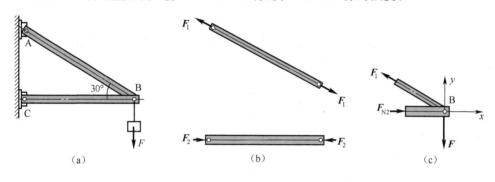

图 3-9　三角架

解：

（1）确定 AB、BC 杆的轴力。

AB 杆和 BC 杆分别为轴向受拉和轴向受压的二力杆，如图 3-9（b）所示。取铰链 B 为研究对象，受力分析如图 3-9（c）所示，取直角坐标系 xBy，列平衡方程：

$$\sum F_y = 0 \quad F_{N1}\sin 30° - F = 0$$

得

$$F_{N1} = \frac{F}{\sin 30°} = \frac{40}{0.5} = 80 \text{ kN}$$

$$\sum F_x = 0 \quad F_{N2} - F_{N1}\cos 30° = 0$$

得

$$F_{N2} = F_{N1}\cos 30° = 80 \text{ k} \times 0.866 = 69.28 \text{ kN}$$

（2）校核强度。

AB 杆强度：

$$\sigma_{\max}1 = \frac{F_{N1}}{A_1} = \frac{4F_{N1}}{\pi d_{AB}^2} = \frac{4 \times 80 \times 10^3}{3.14 \times 40^2} = 63.7 \text{ MPa} < [\sigma]$$

BC 杆强度：

$$\sigma_{\max}2 = \frac{F_{N2}}{A_2} = \frac{4F_{N2}}{\pi d_{BC}^2} = \frac{4 \times 69.28 \times 10^3}{3.14 \times 20^2} = 220.6 \text{ MPa} > [\sigma]$$

故 AB 杆强度足够；BC 杆强度不够，须重新设计。

【例 3-4】图 3-10 所示为气动夹具，气缸内径 $D=350$ mm，缸内气压 $p=1$ MPa。连接螺栓许用应力 $[\sigma]=40$ MPa，求螺栓直径。

解：

气缸盖所受的外力 F 可由气体压强乘以气缸内表面的面积求得

$$F = \frac{\pi}{4}D^2 p = \frac{3.14}{4} \times 350^2 \times 1 = 96162.5 \text{ N}$$

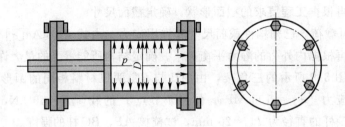

图 3-10　气动夹具

图 3-10 所示的气缸盖上有 6 个相同的螺栓，每个螺栓承受总压力 F 的 1/6，即螺栓的轴力为

$$F_N = \frac{F}{6} = \frac{96162.5}{6} = 16027 \text{ N}$$

根据式（3-2）得 $A \geqslant \dfrac{F_N}{[\sigma]}$，即 $\dfrac{\pi d^2}{4} \geqslant \dfrac{F_N}{[\sigma]}$

$$d \geqslant \sqrt{\frac{4F_N}{\pi [\sigma]}} = \sqrt{\frac{4 \times 16027}{3.14 \times 40}} = 22.6 \text{ mm}，取 d = 24 \text{ mm}$$

习　题

1. 如图 3-11 所示拉杆，插销孔处横截面尺寸 $b = 50$ mm，$h = 20$ mm，$H = 60$ mm，$F = 80$ kN。试求拉杆的最大应力。

2. 如图 3-12 所示，阶梯形钢杆受轴向载荷 $F_1 = 30$ kN，$F_2 = 15$ kN，$L_1 = L_2 = L_3$，杆各段横截面面积 $A_1 = 500$ mm²，$A_2 = 200$ mm²，许用应力 $[\sigma] = 100$ MPa。试校核杆的强度。

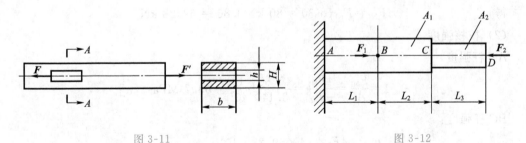

图 3-11　　　　　　　　　　　　　　　　　　　图 3-12

3. 如图 3-13 所示，起重机吊钩的上端用螺母固定，吊钩螺栓部分的内径 $d = 55$ mm，材料的许用应力 $[\sigma] = 80$ MPa，载荷 $F = 170$ kN。试校核螺栓部分的强度。

4. 如图 3-14 所示，桁架 AB、AC 杆铰接于 A 点，在 A 点悬吊重物 $W = 10$ kN，两杆材料相同，许用应力 $[\sigma] = 100$ MPa。试设计两杆的直径。

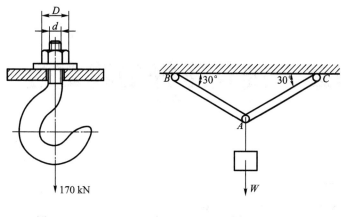

图 3-13 图 3-14

5. 如图 3-15 所示支架，AB 杆为钢杆，横截面面积 $A_1 = 600$ mm²，许用应力 $[\sigma] = 100$ MPa，BC 杆为木杆，横截面面积 $A_2 = 20000$ mm²，许用应力 $[\sigma] = 5$ MPa。试确定许可载荷。

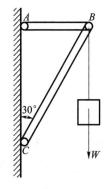

图 3-15

第4章 细长压杆的稳定性

学习目标

1. 了解工程中构件的另一承载能力的重要性。
2. 会区别构件的失稳破坏与强度破坏。
3. 会判断构件平衡的稳定与不稳定性。
4. 掌握细长压杆的稳定条件及判断杆件稳定性的方法。

知识点

1. 失稳破坏、平衡的稳定性。
2. 临界力与临界应力。

知识链接

细长压杆的稳定性

　　早在18世纪中叶，欧拉就提出《关于稳定的理论》，但是这一理论当时没有受到人们的重视，没有在工程中得到应用，原因是当时常用的工程材料是铸铁，砖石等脆性材料。这些材料不易制成细长压杆，金属薄板随着冶金工业和钢铁工业的发展，压延的细长杆和薄板开始得到应用。

　　如巴西利亚联邦区帕拉诺阿湖上的"巴西JK总统大桥"工程师在结构设计上采用折曲桥路形式，既保住了桥面横向稳定性，又增加了桥梁的美观性成为一座新颖的建筑，每年吸引大批游客。

4.1　细长压杆的稳定性

图 4-1 中，（a）图所示为螺纹千斤顶的螺杆；（b）图所示为气缸中的活塞杆。有一个共同的特点：细长。工作时所受外力均为压力，当出现断裂破坏前，杆件先发生弯曲现象。杆件断裂时，极限压力远远小于杆件所能承受的压力，这种破坏有别于强度破坏。那么它是怎么破坏的？原因是什么？

如图 4-2（a）所示，杆件一端固定，另一端自由，自由端作用一力 **F** 使杆件保持直线平衡状态，此时在杆件的横向施一干扰力 Δ**F**。杆件在原位置附近晃动之后，仍在原位置处于直线平衡状态，这种现象称为**杆件的平衡是稳定的**。

如图 4-2（b）所示，当自由端作用一力 **F** 增加到 **F**ₖ 时，此时杆件出现微微的弯曲，若施加横向干扰力 Δ**F**，杆件出现明显的弯曲现象，不可能保持原有的直线平衡状态，这种现象称为**杆件的失衡**。

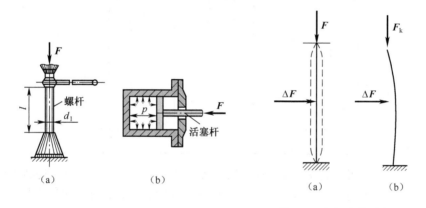

图 4-1　螺纹千斤顶的螺杆　　　　　图 4-2　气缸中的活赛杆

在工程中杆件若出现失衡，将会导致结构的破坏，构成危险，这种破坏称为**失稳破坏**。

综上所述，细长压杆的破坏形式主要为失稳破坏，而不是强度破坏。设计这样的构件除了满足强度条件外，还要满足稳定性要求，即保证不发生失稳破坏，压杆才能保持正常工作。

4.2　临界力与临界应力

4.2.1　临界力

压杆由稳定平衡过渡到不稳定平衡的状态称为**临界平衡状态**，细长压杆存在着临界平衡状态，保持临界直线平衡状态的压力称为**临界力 F**cr；单位面积上的临界力称为**临界应力 σ**cr。

当轴向压力达到临界力时，压杆开始丧失直线平衡的稳定，临界力 **F**cr 的大小表示压杆稳定性的强弱，**F**cr 临界力越大，则压杆不易失去稳定，说明压杆稳定性强；临界力 **F**cr 越小，压杆容易失去稳定，说明压杆稳定性弱。不难看出研究压杆的稳定性关键在于准确确定临界力 F_{cr} 的大小。

1774 年瑞士著名科学家欧拉第一次提出了临界力的计算方法，即**欧拉公式**：

$$F_{cr} = \frac{\pi^2 EI}{(\mu l)^2} \tag{4-1}$$

式中：E 为材料的弹性模量，常用单位 GPa。

I 为横截面的轴惯性矩，常用单位 m^4 或 mm^4。

l 为压杆长度，常用单位 m 或 mm。

μ 为压杆的长度因数，它反映压杆两端支承对临界力的影响，具体数值参如表 4-1 所示。

表 4-1　不同支承情况下的长度因数

杆端约束情况	两端铰支	一端固定 一端自由	两端固定	一端固定 一端铰定
简图	F_{cr} l	F_{cr} $2l$　l	F_{cr} $\frac{l}{4}$　$\frac{l}{2}$　$\frac{l}{4}$　l	F_{cr} $0.7l$　l
μ	1	2	0.5	0.7

提高临界力，就可以提高杆件的稳定性。从公式（4-1）中可以看出，提高临界力的方法：

（1）因为临界力与杆长平方成反比，所以减小杆的长度或在杆的中部设置支座。

（2）EI 称为抗弯强度。EI 越大，临界力越大。

E 是材料的弹性系数，钢材的 E 值比铸铁、铜、铝的大，细长压杆选用钢材为宜。合金钢的 E 值与碳钢的 E 值近似，细长杆选用碳钢。短粗杆选用合金钢可提高强度。

I 是杆件横截面的极惯性矩，与横截面的形状及尺寸有关。一般选横截面材料分布离对称轴越远越好，如图 4-3，图 4-4 所示。

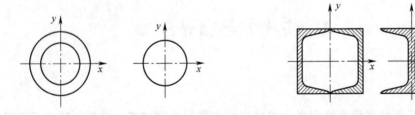

图 4-3　中圆环形截面比圆形截面合理　　　图 4-4　中型钢截面的框型比工字形截面合理

（3）改善支座形式，固定端比铰链支座的稳定性要好，图 4-5 所示钢架的立柱，柱脚与底板的连接形式对提高立柱的稳定性起着重要作用。图 4-5(a) 中增加了肋板比图 4-5(b) 中无肋板稳定性强。

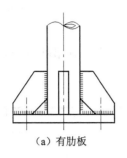
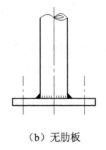

（a）有肋板　　　　　　　　　　（b）无肋板

图 4-5　支座形式

4.2.2　临界应力

根据欧拉公式及拉（压）杆横截面上应力公式 $\sigma=\dfrac{F_{\mathrm{N}}}{A}$，有 $F_{\mathrm{N}}=F_{\mathrm{cr}}$，$\sigma=\sigma_{\mathrm{cr}}$

推出临界应力的公式，即

$$\sigma_{\mathrm{cr}}=\frac{F_{\mathrm{cr}}}{A}=\frac{\pi^2 EI}{(\mu l)^2 A}$$

令 $\dfrac{I}{A}=i^2$ 代入上式，得到

$$\sigma_{\mathrm{cr}}=\frac{\pi^2 E}{(\mu l/i)^2}$$

式中，i 称为截面的惯性半径。

令 $\dfrac{\mu l}{i}=\lambda$，得到临界应力的计算公式为

$$\sigma_{\mathrm{cr}}=\frac{\pi^2 E}{\lambda^2} \tag{4-2}$$

式（4-2）称为**临界应力的欧拉公式**。λ 称为柔度，又称长细比。它是反映压杆长度、约束条件、截面形状和尺寸对压杆临界力的影响，是无量纲值。

λ 值越大，杆件越细长，其临界应力越小，杆件越容易失稳；λ 值越小，杆件越短粗，杆件越不容易失稳。所以，柔度 λ 也是判断杆件失稳难易的重要参数。

临界应力欧拉公式的适用范围是临界应力 $\sigma_{\mathrm{cr}} \leqslant$ 杆件材料的弹性极限 σ_p，满足其条件的杆件称为**大柔度杆**。当 $\sigma_{\mathrm{cr}}=\sigma_p$　$\lambda=\lambda_p$ 有

$$\frac{\pi^2 E}{\lambda_p^2}=\sigma_p$$

以常用的 Q235 钢为例，弹性模量 $E=206$ GPa，弹性极限 $\sigma_p \approx 235$ MPa，代入上式得

$$\lambda_p=101$$

即理论上由 Q235 制成的压杆只有在 $\lambda \geqslant 101$ 时，才能应用欧拉公式计算临界力与临界应力。表 4-2 中列举了几种材料的 λ_p 值。

实践证明短粗杆受压时没有失稳问题。那么，怎样划分长细杆和短粗杆呢？在研究压杆稳定时，是按照材料在弹性范围内应用胡克定律来推导欧拉公式的，即失稳时的临界应力 F_{cr} 不超过材料的弹性极限 σ_p，即

$$\sigma_{\mathrm{cr}}=\frac{\pi^2 E}{\lambda^2} \leqslant \sigma_p$$

以常用的 Q235 钢为例，弹性模量 $E=206$ GPa，弹性极限 $\sigma_p=235$ MPa，代入上式得

$$\lambda=101$$

即理论上由 Q235 制成的压杆只有在 $\lambda \geqslant 101$ 时，才能应用欧拉公式计算临界力与临界应力。表 4-2 中列举了几种材料的 λ_p 值。

表 4-2　几种材料的 λ_p 值

材料	a/MPa	b/MPa	λ_p
Q235	304	1.12	101
35	461	2.568	100
45	578	3.744	100
铸铁	332.2	1.454	80
松木	39.2	0.199	59

习　题

1. 图 4-8 中，哪一个球的平衡是稳定的？

图 4-8

2. 若一压杆断裂时横截面上的应力 $\sigma=450$ MPa，压杆材料的比例极限 $\sigma=450$ MPa，压杆材料的比例极限 $\sigma_p=200$ MPa，屈服极限 $\sigma_s 235$ MPa，强度极限 $\sigma_b=400$ MPa，压杆的破坏属于什么破坏形式？若一压杆断裂时横截面上的应力 $\sigma=300$ MPa，压杆的破坏属于哪种破坏形式？

下篇 机构、零件与传动

常用机构：连杆凸轮机构、螺旋机构、齿轮机构、间歇机构等。

机械零件：连接零件、传动零件、支承零件等。

机械传动：齿轮传动、螺旋传动、带传动、链传动、蜗杆传动、轮系传动等。

学习常用机构就是要知道机构的组成和机构的表示方法；会检验机构运动的确定性；判别机构类型以及了解各构件的尺寸参数以实现机构规定的功能；为分析、选择、使用和维修机构掌握必要的基本知识。

通过常用机械零部件和常用机械传动的组成结构、工作原理、基本特点、应用场合的学习，使学生掌握零部件与传动的基本知识、基本理论和基本分析技能。

第5章 平面机构

学习目标

1. 熟悉运动副的概念及其类型。
2. 掌握平面机构运动简图的绘制方法，掌握机构具有确定的相对运动的条件。
3. 了解铰链四杆机构的组成，掌握其类型的判别方法，熟悉其应用。
4. 了解其他四杆机构的组成及应用。
5. 理解四杆机构的基本特性。
6. 了解凸轮机构的组成、类型及应用，掌握凸轮机构从动件常用运动规律。
7. 掌握盘形凸轮廓曲线的设计方法。
8. 了解间歇运动机构的组成、工作原理、特点和应用。

知识点

1. 运动副及其分类和表示符号。
2. 机构运动简图。
3. 判定机构是否具有确定的相对运动。
4. 铰链四杆机构的类型及如何判别。
5. 其他四杆机构的类型。
6. 四杆机构的极限位置、极位夹角、急回特性、压力角、传动角、死点。
7. 凸轮机构从动件常用运动规律。
8. 棘轮机构与槽轮机构的组成与应用。

相关链接

　　各种平面机构在生产和现实生活中有着诸多的应用。它的优点是承载力较大、接触面积大、结构简单。下图为飞机的起落架、它的结构为平面四杆机构中的双摇杆机构。

机翼上的起落架

机身头部上的起落架

5.1 平面机构概述

5.1.1 运动副及其分类

构件和运动副是机构中最基本的组成部分。构件是运动单元体。机构中任一构件与另一构件都是直接地、以一定方式相连接的，这种连接是一种具有相对运动的活动连接。两构件直接接触并能产生相对运动的活动连接称为**运动副**。

例如，在图 0-4 所示的单缸四冲程内燃机中，活塞与汽缸体、活塞与连杆、连杆与曲轴等的连接都是两个构件直接接触并能产生相对运动的活动连接，所以都是运动副。

不同形式（即连接方式）的运动副，对机构的运动将产生不同的影响。因此，在研究机构的运动时还需掌握运动副的类型。

两构件组成运动副，其接触部分不外乎是点、线或面，而构件间允许产生的相对运动与它们的接触情况有关。按照组成运动副两构件的接触形式不同，常见的平面运动副可分为低副和高副两大类。

1. 低副

两构件以面接触所形成的运动副称为**低副**。根据组成低副的两构件间相对运动的形式又可分为两种：

（1）转动副 若组成运动副的两构件间的相对运动为转动，则称这种运动副为**转动副**（或回转副），也称**铰链**。如图 5-1（a）所示，构件 1 相对于构件 2，或构件 2 相对于构件 1 只能在 yOz 平面内转动，而不能沿 x 轴（或 y 轴）和 z 轴移动，因此它们组成转动副（或铰链）。

（2）移动副 组成运动副两构件间的相对运动为移动，则称这种运动副为**移动副**。如图 5-1（b）所示，两构件间的相对运动只能是沿 x 轴的移动而不能沿 z 轴（或 y 轴）移动和绕其他任何轴转动，因此它们组成移动副。

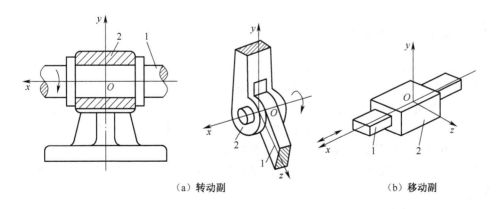

（a）转动副　　　　　　　　　　　　　（b）移动副

图 5-1　平面低副

2. 高副

以点或线接触所形成的运动副称为**高副**。组成高副的两构件间的相对运动为转动兼移动，如图 5-2（a）所示的凸轮副和图 5-2（b）所示的齿轮副。构件 1 和构件 2 在 A 点接触而构成高副，它们之间的相对运动只能是沿接触点 A 的切线方向（$t—t$ 方向）的移动和绕 A 点在 nAt 平面内的转动，而不能沿 $n—n$ 方向移动。

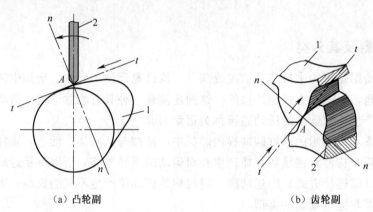

（a）凸轮副　　　　　　　　　　　　　　　（b）齿轮副

图 5-2　平面高副

除平面低副和平面高副外，常用的还有球面副［见图 5-3（a）］和螺旋副［见图 5-3（b）］等，它们都属于空间运动副。对于空间运动副，本章不做进一步讨论。

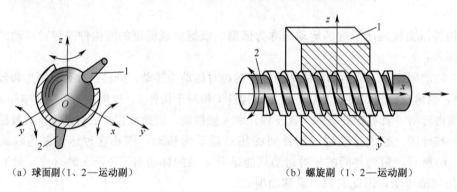

（a）球面副（1、2—运动副）　　　　　　　　（b）螺旋副（1、2—运动副）

图 5-3　空间运动副

5.1.2　平面机构运动简图

在对机构进行运动分析和设计时，为了使问题简化，只考虑与运动有关的运动副数目、类型及相对位置，不考虑构件和运动副的实际外形、截面尺寸、结构和材料等与运动无关的因素。用简单线条和规定符号表示构件和运动副，并按一定的比例确定运动副的相对位置及与运动有关的尺寸，这种表示机构组成和各构件间运动关系的简单图形，称为**机构运动简图**。表 5-1 中列出了构件和运动副的常用表示方法。

只是为了表示机构的结构组成及运动原理而不严格按比例绘制的机构运动简图，称为**机构示意图**。

绘制机构运动简图的一般步骤如下：

（1）分析机构的组成和运动，找出机架、主动件与从动件。

（2）从主动件开始，按照运动传递的顺序，分析各构件之间相对运动的性质和接触情况，确定构件数目、运动副的类型和数目。

（3）合理选择视图平面。应选择能充分表明各构件相对运动关系的平面为视图平面。

（4）选择合适的比例尺，长度比例尺用 μ_l 表示，在机械设计中规定如下：

$$\mu_l = \frac{\text{实际长度（mm）}}{\text{图示长度（mm）}}$$

（5）按比例定出各运动副之间的相对位置，用构件和运动副所规定的符号绘制机构运动简图。转动副代号用大写英文字母表示，构件代号用阿拉伯数字表示，机构的主动件运动用箭头标明。

【例 5-1】试绘制图 5-4 所示缝纫机脚踏板机构的运动简图。

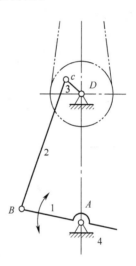

（a）缝纫机脚踏板机构实物图　　　（b）缝纫机脚踏板机构的运动简图

图 5-4　缝纫机脚踏板机构

解：

（1）分析机构的组成和运动，找出机架、主动件与从动件。

从图 5-4（a）可知，该机构由 4 个构件组成。缝纫机体为机架，脚踏板为主动件，连杆和曲轴为从动件。

（2）从主动件开始，按照运动传递的顺序，分析各构件之间相对运动的性质和接触情况，确定构件数目、运动副的类型和数目。

脚踏板 1 与连杆 2、连杆 2 与曲轴 3、曲轴 3 与机架 4、机架 4 与脚踏板 1 分别组成转动副。共有 4 个转动副。

（3）合理选择视图平面。

该机构为平面机构，故选择与各构件运动平面相平行的平面为视图平面。

（4）选择合适的比例尺。

（5）按比例定出各运动副之间的相对位置，用构件和运动副所规定的符号绘制机构运动简图，如图 5-4（b）所示。标注构件代号、转动副代号、用箭头表示主动件运动。

表 5-1　机构运动简图符号（摘自 GB/T 4460—1984）

名　称		简图符号	名　称		简图符号
构件	轴、杆		机架		
	三副元素构件		机架	机架是转动副的一部分	
	构件的永久联接			机架是移动副的一部分	
平面低副	转动副		平面高副	齿轮副 外啮合 内啮合	
	移动副			凸轮副	

问题思考

1. 机构方案设计中采用机构运动简图，是否只为了简便？机构运动简图主要表达机构的什么特点？其与机构示意图有什么区别？

2. 绘制牛头刨床主体机构的运动简图。

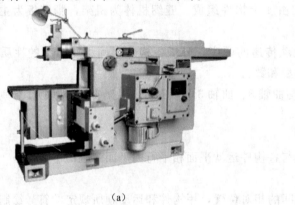

（a）

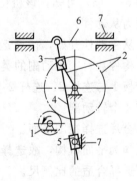

（b）

图 5-5　牛头刨床及其机构运动简图

5.1.3 机构具有确定相对运动的条件

1. 平面机构的自由度

机构相对于机架所具有的独立运动数目，称为**机构的自由度**。

设一个平面机构由 N 个构件组成，其中必定有 1 个构件为机架，则机构中活动构件数为 $n=N-1$。一个没有任何约束的构件有 3 个自由度，则这些活动构件在未组合成运动副之前共有 $3\times n$ 个自由度，在连接成运动副之后便引入了约束，减少了自由度。设机构共有 P_L 个低副、P_H 个高副，因为在平面机构中每个低副失去 2 个自由度，每个高副失去 1 个自由度，故平面机构的自由度 F 为

$$F=3n-2P_L-P_H \tag{5-1}$$

【例 5-2】试计算图 5-4 所示缝纫机脚踏板机构的自由度。

解： 该机构具有 3 个活动构件（构件 1、2、3），4 个低副（转动副 A、B、C、D）。没有高副。按式（5-1）求得自由度为

$$F=3n-2P_L-P_H=3\times3-2\times4-0=1$$

2. 计算平面机构自由度时应注意的事项

运用式（5-1）计算平面机构自由度时，对于下列情况应给予处理，才能使计算结果与实际一致。

（1）复合铰链　两个以上构件组成两个或多个共轴线的转动副，即为**复合铰链**。如图 5-6 所示构件 1、2、3 在 A 处共组成两个共轴线转动副，当有 m 个构件在同一处构成复合铰链时，就构成 $(m-1)$ 个转动副。在计算机构自由度时，应仔细观察是否有复合铰链存在，以免算错运动副的数目。

（a）复合铰链

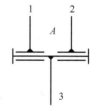
（b）复合铰链简图

图 5-6　复合铰链

【例 5-3】试绘制图 5-7 所示惯性筛机构的机构示意图并计算自由度。

解：

（1）绘制机构示意图，如图 5-7（b）所示。

（2）计算自由度 C 处为复合铰链，含有 2 个转动副。$n=5$，$P_L=7$，$P_H=0$。
由式（5-1）得

$$F=3n-2P_L-P_H=3\times5-2\times7-0=1$$

（2）局部自由度　不影响机构整体运动的、局部独立运动的自由度，称为**局部自由度**。图 5-8（a）所示的凸轮机构中，滚子绕其自身轴线的转动并不影响凸轮与从动件间的相对

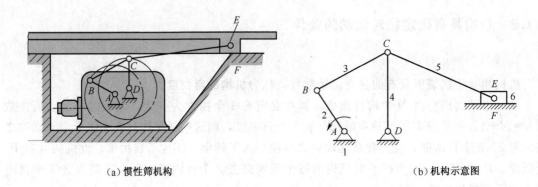

（a）惯性筛机构　　　　　　　　　　　　　　　　（b）机构示意图

图 5-7　惯性筛机构

运动，而是为减少高副接触处的磨损，将滑动摩擦变为滚动摩擦，因此滚子绕其自身轴线的转动为机构的局部自由度。计算时应视滚子与从动件为一体，将该运动副去掉，再计算自由度。如图 5-8（b）所示，此时该机构中，$n=2$，$P_L=2$，$P_H=1$，该机构自由度为

$$F=3n-2P_L-P_H=3\times2-2\times2-1=1$$

计算结果与实际情况相符。

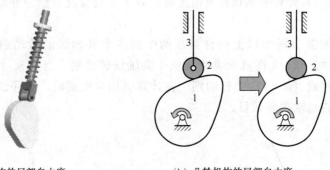

（a）凸轮机构的局部自由度　　　　　　（b）凸轮机构的局部自由度

图 5-8　局部自由度

（3）虚约束　机构中不产生实际约束效果的重复约束称为**虚约束**。图 5-9（a）所示的火车车轮联动机构中，三构件 AB、CD、EF 平行且相等，此三构件的动端点 B、C、E 的运动轨迹均与构件 BC 上对应点的运动轨迹重合。去除杆件 CD，对机构整体运动不产生影响。计算自由度时，虚约束应当去除。如图 5-9（b）所示，此时该机构中，$n=3$，$P_L=4$，$P_H=0$，该机构自由度为

$$F=3n-2P_L-P_H=3\times3-2\times4-0=1。$$

虚约束的作用：

① 可提高承载能力并使机构受力均匀。

② 增加机构的刚度，如机床导轨。

③ 使机构运动顺利，避免运动不确定，如图 5-9 中的车轮等。

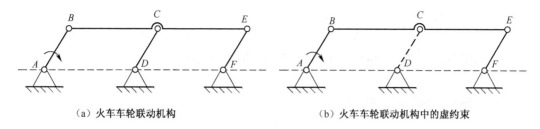

（a）火车车轮联动机构　　　　　　　　（b）火车车轮联动机构中的虚约束

图 5-9　虚约束

5.1.4　平面机构具有确定运动的条件

只有机构自由度大于零，机构才有可能运动。同时，机构自由度又必须与接受外界给定运动规律的原动件数 W 相等，机构才不会随意乱动。因此，机构具有确定运动的条件为：机构的自由度数等于原动件数，即

$$F = W \qquad\qquad (5\text{-}2)$$

下面举例说明机构自由度的计算。

【例 5-4】计算图 5-10 所示内燃机的自由度，并判定机构是否具有确定的运动。

解： 该机构活动构件数 $n = 5$，低副数 $P_L = 6$，高副数 $P_H = 2$，代入式（5-1）得

$$F = 3n - 2P_L - P_H = 3 \times 5 - 2 \times 6 - 1 \times 2 = 1$$

原动件为活塞，即 $W = 1$，满足式（5-2）$F = W$，所以内燃机的运动是确定的。

【例 5-5】试计算图 5-11（a）所示的筛料机构的自由度，并判断它是否有确定的相对运动。

解：

（1）处理特殊情况。机构中的滚子 7 处有一个局部自由度，将滚子 7 与顶杆 8 焊成一体。顶杆 8 与机架 9 在 E 和 E' 组成两个导路重合的移动副，其中之一为虚约束，去掉移动副 E'。C 处是复合铰链，含有两个转动副。处理后如图5-11（b）所示。

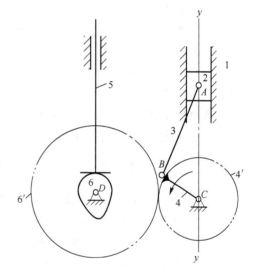

图 5-10　内燃机运动简图

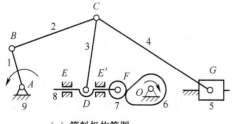

（a）筛料机构简图

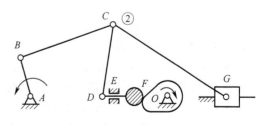

（b）处理后的筛料机构简图

图 5-11

（2）计算机构自由度。$n=7$，$P_L=9$，$P_H=1$，该机构自由度为
$$F=3n-2P_L-P_H=3\times7-2\times9-1=2$$
（3）判定机构运动的确定性。机构有两个原动件，可得
$$W=F=2>0$$
所以机构具有确定的相对运动。

1. 什么是机构的自由度？计算平面机构自由度时应注意哪些问题？

2. 机构具有确定相对运动的条件是什么？不符合这个条件将出现什么情况？

5.2 平面连杆机构

平面连杆机构是将若干构件用低副（转动副和移动副）连接起来并作平面运动的机构，也称**低副机构**。

由于低副为面接触，故传力时压强低，磨损量小，且易于加工和保证精度，可传递较大载荷。但是，有些构件工作时产生的惯性力难以平衡，高速时会引起较大的振动。因此常用于低速场合。平面连杆机构与机器的工作部分相连，起执行和控制作用，广泛应用于各种机械、仪表和机电产品中。

简单的平面连杆机构是由四个构件用低副连接而成的，简称**四杆机构**。四杆机构可分为铰链四杆机构和滑块四杆机构两大类。

5.2.1 铰链四杆机构

当四杆机构中的运动副都是转动副时，称为**铰链四杆机构**。如图5-12所示，机构中固定不动的构件4称为机架；与机架相连的构件1、3称为连架杆，其中能进行整周回转的连架杆称为曲柄，只能进行往复摆动的连架杆称为**摇杆**；连接两连架杆的可动构件2称为连杆。

铰链四杆机构按两连架杆的运动形式可分为：曲柄摇杆机构、双曲柄机构和双摇杆机构。

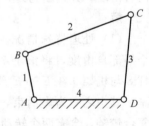

图5-12　铰链四杆机构

1. 曲柄摇杆机构

在铰链四杆机构中，若有一个连架杆为曲柄，另一个连架杆为摇杆，则称该机构为**曲柄摇杆机构**，如图5-13所示。在曲柄摇杆机构中，曲柄转动一周，摇杆往复摆动一次。该机构可实现曲柄的整周转动与摇杆的往复摆动互换。常见的是曲柄的主动整周转动转换为摇杆的从动往复摆动。如图5-14所示的颚式碎矿机，当原动件曲柄 AB 整周转动时，通过连杆 BC，使与摇杆 CD 和固定斜板之间的夹角产生变化，达到破碎矿石的目的；图5-15为汽车前窗的刮雨器，当主动曲柄 AB 回转时，从动摇杆 CD 作往复摆动，利用摇杆的延长部分实现刮雨动作；图5-16所示的雷达天线机构，当原动件曲柄1转动时，通过连杆2，使与摇杆3固结的抛物面天线作一定角度的摆动，以调整天线的俯仰角度。曲柄摇杆机构也可以是

摇杆为主动件做往复摆动转换为曲柄的从动整周转动；如图 5-17 所示的缝纫机踏板机构，就是将脚踏板 CD 的往复摆动转化为大带轮 AB 的整周转动。

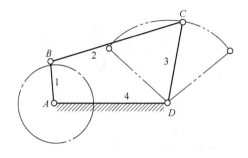

图 5-13　曲柄摇杆机构

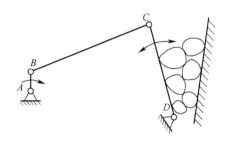

图 5-14　颚式碎矿机机构

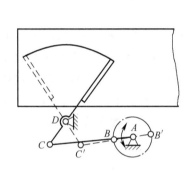

图 5-15　汽车前窗刮雨器机构

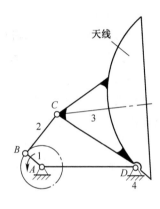

图 5-16　雷达天线机构

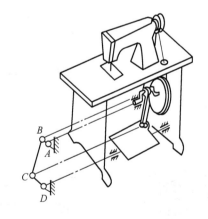

图 5-17　缝纫机踏板机构

2. 双曲柄机构

在铰链四杆机构中，若两个连架杆都能做整周转动，即两连架杆均为曲柄，则称该机构为**双曲柄机构**，如图 5-18 所示。

一般的双曲柄机构，当主动曲柄以等角速度转动一周时，从动曲柄忽快忽慢地变角速度转动一周，即两曲柄转动的角速度不相等。如图 5-19 所示的惯性筛机构就是利用从动曲柄变速产生的惯性，使物料来回抖动，从而提高了筛选效率。

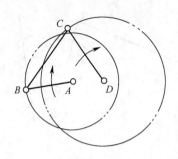

图 5-18　双曲柄机构

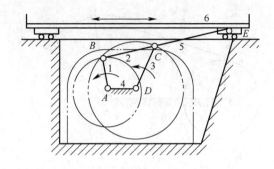

图 5-19　惯性筛机构

在双曲柄机构中，若两曲柄对边平行并且长度相等，且转动方向相同，则称为**平行双曲柄机构**，如图 5-20 所示。平行双曲柄机构的主动曲柄与从动曲柄的运动状态完全相同，瞬时角速度恒相等，且连杆 BC 做平行移动。

平面双曲柄机构特殊的构件运动特点使其在生产和生活中有广泛的应用。如图 5-21 所示的摄影车座斗机构就是平行双曲柄机构的实际应用，由于两曲柄作等速同向转动，连杆做平行移动从而保证机构的平稳运行；图 5-22 所示的蒸汽机车联动机构，就是利用平行双曲柄机构，将固定于曲柄上的三个蒸汽机车车轮全部变成主动轮，使它们的转动状况完全相同；图 5-23 所示的天平机构，它利用平行双曲柄机构的连杆做平行移动，使天平盘始终处于水平位置。

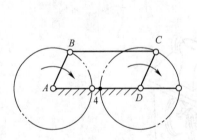

图 5-20　平行双曲柄机构

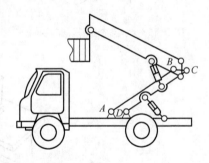

图 5-21　摄影车座斗机构

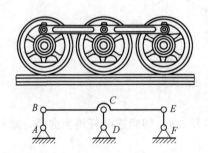

图 5-22　蒸汽机车联动机构

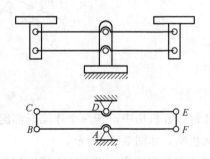

图 5-23　天平机构

3. 双摇杆机构

在铰链四杆机构中，若两个连架杆均为摇杆，则称该机构为**双摇杆机构**，如图 5-24 所示。在双摇杆机构中，主动摇杆摆动一次，从动摇杆也摆动一次，其应用也很广泛。如图 5-25 所示的鹤式起重机机构，当摇杆 AB 摆动时，另一摇杆 CD 随之摆动，使得悬挂在 E 点的重物能沿水平直线的方向移动；图 5-26 所示的飞机起落架中所用的双摇杆机构，图中实线表示起落架放下时的位置，虚线表示起落架收起时的位置，如图 5-27 所示的汽车前轮转向操纵机构，是两摇杆长度相等的等腰梯形机构，车轮分别固联在两摇杆上，当推动摇杆时，两前轮以不同的速度转动，使汽车转弯，两轮能与地面做纯滚动，减小了轮胎的磨损。

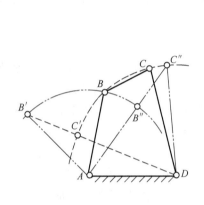

图 5-24 双摇杆机构

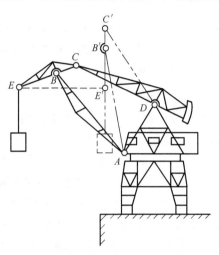

图 5-25 鹤式起重机机构

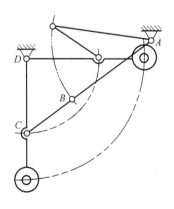

图 5-26 飞机起落架机构

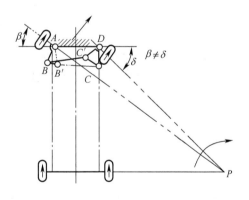

图 5-27 轮式车辆前轮转向机构

4. 铰链四杆机构类型的判别

由上可见，铰链四杆机构三种基本形式的主要区别，就在于连架杆是否为曲柄。而机构是否有曲柄存在，则取决于机构中各构件的相对长度以及最短构件所处的位置。对于铰链四杆机构，可按下述方法判别其类型。

（1）当铰链四杆机构中最短构件的长度 $L_{\min}$ 与最长构件的长度 $L_{\max}$ 之和，小于或等于其

他的构件长度 L'、L'' 之和（即 $L_{min}+L_{max} \leqslant L'+L''$）时：

①若最短构件为连架杆，则该机构一定是曲柄摇杆机构。

②若最短构件为机架，则该机构一定是双曲柄机构。

③若最短构件为连杆，则该机构一定是双摇杆机构。

（2）当铰链四杆机构中最短构件的长度 L_{min} 与最长构件的长度 L_{max} 之和，大于其他两构件长度 L'、L'' 之和（$L_{min}+L_{max} > L'+L''$）时。则不论取哪个构件为机架，都无曲柄存在，机构只能是双摇杆机构。

5.2.2 滑块四杆机构

图 5-28 是四个构件用三个转动副和一个移动副依次相连接组成的一个移动副四杆组合体。与滑块构件 3 组成移动副的构件 4 称为导杆。在这样的组合体中取不同的构件为机架则得到不同的四杆机构。

1. 曲柄滑块机构

在图 5-28 中取导杆 4 为机架组成的机构称为**曲柄滑块机构**。机构的连架杆 AB 为曲柄做整周转动；连杆 BC 做复杂的平面运动；滑块做往复直线移动。曲柄转动一周，滑块往复直线移动一次。曲柄回转中心到滑块导路中心的距离 $e=0$，则称为**对心曲柄滑块机构**，如图 5-29 所示；如果 $e>0$，则称为**偏置曲柄滑块机构**，如图 5-30 所示。曲柄滑块机构的滑块两极限位置 C_1 和 C_2 的距离称为**机构的行程**。

曲柄滑块机构的曲柄存在条件是：曲柄长与偏心距的和小于或等于连杆长。

曲柄滑块机构可将曲柄的主动整周转动转换为滑块的从动往复移动，如图 5-31 所示的自动送料装置。曲柄滑块机构也可将滑块的主动往复移动转换为曲柄的从动整周转动，如单缸内燃机机构。

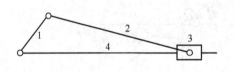

图 5-28　移动副四杆组合体

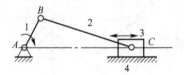

图 5-29　对心曲柄滑块机构

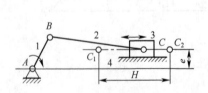

图 5-30　偏置曲柄滑块机构

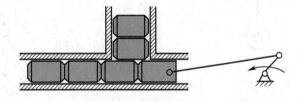

图 5-31　自动送料装置

2. 导杆机构

在图 5-28 中取与导杆组成转动副的构件 1 为机架组成的机构称为**导杆机构**，即导杆与机架组成转动副。导杆机构连架杆是曲柄做整周转动（一般它是主动构件），滑块做复杂平面运动。根据导杆（一般它是从动构件）的运动状况导杆机构可以分为：

连架杆长≥机架杆长，导杆可以做整周转动，称为**转动导杆机构**，如图 5-32（a）所示。

连架杆长＜机架杆长，导杆只能做往复摆动，称为**摆动导杆机构**，如图 5-32（b）所示。图 5-33 所示为牛头刨床中所用的摆动导杆机构，如图 5-34 所示为小型刨床中的转动导杆机构。

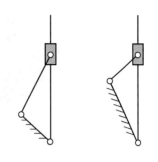

（a）转动导杆机构　（b）摆动导杆机构

图 5-32　导杆机构

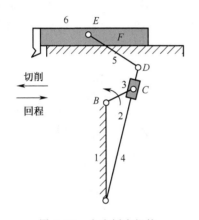

图 5-33　牛头刨床机构

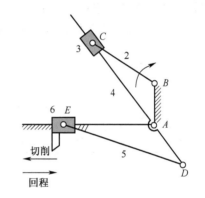

图 5-34　小型刨床机构

3. 摇块机构

在图 5-28 中取与滑块组成转动副的构件 2 为机架组成的机构称为**摇块机构**，即滑块与机架组成转动副，如图 5-35 所示。摇块机构的连架杆 1 经常是摇杆做往复摆动为从动件；滑块 3 做往复摆动；导杆 4 做复杂的平面运动为主动件。图 5-36 所示的汽车自动翻转卸料机构就是摇块机构的实际应用；图 5-37 的液压泵也是摇块机构的应用，这时连架杆是曲柄为主动构件，导杆是从动构件做复杂的平面运动。

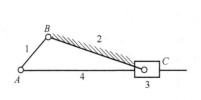

图 5-35　摇块机构简图

图 5-36　汽车自动翻转卸料机构

（a）

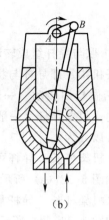

（b）

图 5-37　液压泵机构

4. 定块机构

在图 5-28 中取滑块为机架组成的机构称为**定块机构**，如图 5-38 所示。该机构的连架杆 2 是摇杆做往复摆动，连杆 1 是主动件做复杂的平面运动，导杆 4 是从动件做往复的直线移动。图 5-39 所示的手压泵机构就是定块机构的实际应用。

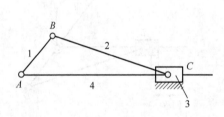

图 5-38　定块机构运动简图

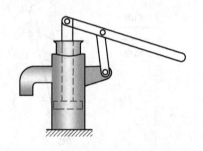

图 5-39　手压泵机构

5.2.3　平面四杆机构的传动特性

平面四杆机构在传递运动和动力时所显示的传动特性在实际中有着重要的作用。

1. 急回特性

平面四杆机构往复运动的从动件"来"、"去"平均速度不相等特性称为**机构的急回特性**。

在图 5-40 所示的曲柄摇杆机构中，从动摇杆的两极限位置 C_1D（曲柄与连杆重叠共线）和 C_2D（曲柄与连杆伸展共线）所对应的两曲柄位置 AB_1 和 AB_2 所夹锐角称为**极位夹角**，用 θ 表示。一般平面四杆机构往复运动的过程中，从动件在两个极限位置时，所对应的曲柄两位置所夹锐角称为**机构的极位夹角**。摆动导杆机构和曲柄滑块机构也存在机

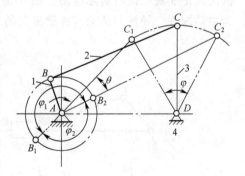

图 5-40　四杆机构的急回特性

构的极位夹角。

为了说明机构急回特性的程度，引入机构的行程速比系数，用 K 表示。即

$$K = \frac{快速}{慢速} = \frac{180° + \theta}{180° - \theta} \geq 1$$

机构有无急回特性取决于机构的极位夹角 θ。当 $\theta = 0$，$K = 1$，快速＝慢速，机构没有急回特性；当 $\theta \neq 0$，$K > 1$，机构就有急回特性，如曲柄摇杆机构、偏置曲柄滑块机构和摆动导杆机构等都具有急回特性。机构的极位夹角越大，机构的急回特性越明显。机构的急回特性可以减少机器的空行程时间，提高生产效率。

2. 传动角和压力角

从动件上，主动力作用点的速度方向与主动力方向所夹锐角，称为**机构压力角**，用 α 表示；机构压力角 α 的余角 $\gamma = 90° - \alpha$ 称为**机构的传动角**。在如图 5-41 所示的曲柄摇杆机构中，曲柄 1 为主动件，摇杆 3 为从动件。曲柄 1 通过连杆 2，作用于摇杆 3 的主动力作用点为铰链 C 点；该点的速度方向 v_C 垂直于摇杆 CD；该点受到的主动力 F 沿连杆 BC 方向。力 F 与速度 v_C 所夹锐角就是机构压力角 α。真正推动从动摇杆产生转动的力是机构有效分力 $F_t = F\cos\alpha = F\sin\gamma$，它是主动力 F 在速度 v_C 方向的分力。

可以看出：机构压力角 α 越小（传动角 γ 越大），有效分力 F_t 越大，机构传力性能越好，机构的传动效率越高。由于 γ 角便于观察和测量，工程上常以传动角来衡量机构传力性能。在机构运动过程中，压力角、传动角的大小是随机构位置而变化，传动角变动范围必有最大角和最小角。为保证机构的良好传力性能，设计时通常应使 $\gamma_{min} \geq 40°$。

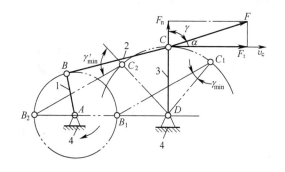

图 5-41　四杆机构的传动角和压力角

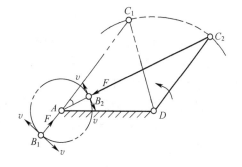

图 5-42　四杆机构的死点位置

3. 机构死点

机构运动到某一位置时，机构的压力角 $\alpha = 90°$（传动角 $\gamma = 0°$）称为**机构的死点位置**。在图 5-42 所示的曲柄摇杆机构中，若摇杆 CD 为原动件，曲柄 AB 为从动件，当摇杆 CD 摆到 C_1D 和 C_2D 极限位置，对应的曲柄两个位置 AB_1 和 AB_2，从动曲柄上有传动角 $\gamma = 0°$，这就是机构死点位置。

机构在死点位置其有效分力 $F_t = 0$，则不论主动力多大都不能使从动件产生运动，会出现从动件卡死不动或运动不确定的现象。在曲柄滑块机构中，以滑块为主动件、曲柄为从动件时，死点位置是连杆与曲柄伸展和重叠两个共线位置；摆动导杆机构中，导杆主动件、曲

柄为从动件时，死点位置是导杆与曲柄垂直的两个位置。

在机构传动中，为了使机构能够顺利地通过死点，继续正常运转，可利用构件自身或飞轮的惯性使机构顺利通过死点，如图 5-17 所示的缝纫机踏板机构就是利用带轮的惯性通过死点。也可采用两组机构错位排列，使两组机构的死点相互错开，如图 5-43 所示的蒸汽机车的联动机构，左右两侧机构曲柄位置相错 90°。

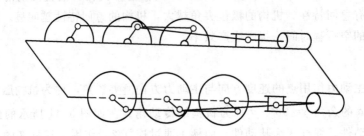

图 5-43　错列的机车车轮联动机构

5.3　其他常用机构

5.3.1　凸轮机构

在各种机器中，特别是自动化机器中，为实现各种复杂的运动要求，常采用凸轮机构。

1. 凸轮机构概述

凸轮机构由凸轮、从动件和机架组成，凸轮、从动件与机架组成低副，凸轮与从动件是以点或线接触，组成平面高副，故凸轮为高副机构。凸轮是具有曲线轮廓的构件，在凸轮机构中一般作为主动构件。

当凸轮运动时，通过凸轮与从动件的高副接触带动从动件产生预期的周期性运动规律。即从动件的运动规律（指位移、速度、加速度等）取决于凸轮轮廓的曲线形状；反之，按机器的工作要求给定从动件的运动规律以后，可合理地设计出凸轮的曲线轮廓。它广泛应用于自动化机械、仪表和自动控制装置中。

图 5-44 所示为一内燃机的配气机构，当凸轮 1 转动时，推动气阀杆 2 上下移动，从而使气阀有规律地开启或关闭。气阀的运动规律则取决于凸轮的曲线轮廓形状。

图 5-45 所示为自动车床靠模机构。拖板带动从动刀架 2 沿靠模凸轮 1 运动时，刀刃走出手柄外形轨迹。手柄的曲线形状取决于凸轮的曲线轮廓形状。

图 5-46 所示为自动机床的进刀机构，当圆柱凸轮 1 回转时，圆柱上凹槽的侧面迫使从动件 2 绕 C 点做往复摆动，通过从动件上的扇形齿轮与刀架上的齿条啮合，控制刀架的自动进

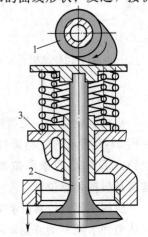

图 5-44　内燃机配气机构

刀和退刀运动。其进刀和退刀的运动规律，则取决于圆柱凸轮凹槽的曲线轮廓形状。

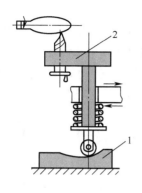
图 5-45　靠模成型切削

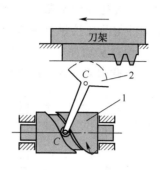
图 5-46　自动进刀机构

凸轮与连杆机构相比，主要优点是只要正确地设计凸轮曲线轮廓，就能使从动件准确地实现任意给定的运动规律；构件数目少，结构简单紧凑；工作可靠。缺点是凸轮与从动件之间为点或线接触，接触应力较大，承载不大；不易实现较理想的润滑；易于磨损，寿命相对较短；凸轮制造困难；高速传动可能产生较大冲击。因此凸轮机构多用于传力不大的轻载机构、控制机构和调节机构。

2. 凸轮机构分类

按凸轮的形状，可分为以下三种：

（1）盘形凸轮　盘形凸轮与机架组成转动副，它的外形是一个由转动中心到曲线轮廓距离有变化的盘形构件，如图 5-44 所示。盘形转动凸轮是凸轮的最基本类型，属于平面凸轮。

（2）移动凸轮　移动凸轮与机架组成移动副，它也是具有曲线轮廓的盘形构件，属于平面凸轮，如图 5-45 所示。

（3）圆柱凸轮　圆柱体的外表面具有一定曲线轮廓凹槽或在圆柱体的端面上有一定的曲线轮廓，且绕轴线转动的凸轮就是圆柱凸轮。圆柱凸轮与从动件之间的相对运动为空间运动，属于空间凸轮机构，如图 5-46 所示。

按从动件的运动形式，可分为以下两种：

（1）移动从动件　从动件与机架组成移动副，做往复直线移动，如图 5-47（a），（b），（c）所示。从动件移动直线中心通过凸轮回转中心时称为**对心从动件凸轮机构**，否则称为**偏置从动件凸轮机构**。

（2）摆动从动件　从动件与机架组成转动副，做往复摆动运动，如图 5-47（d），（e），（f）所示。

按从动件与凸轮接触端部的结构，可分为以下三种：

（1）尖顶从动件　从动件的端部以尖顶与凸轮曲线轮廓接触，如图 5-47（a），（d）所示。尖顶从动件结构简单，尖顶能与任何复杂的凸轮轮廓接触，可精确地反映出凸轮曲线轮廓所带来的运动规律。但由于尖顶与凸轮接触面甚小，接触应力过大，受力小，易磨损，只适用于受力不大的低速凸轮机构。

（2）滚子从动件　从动件的端部安装一小轮子，小轮子与凸轮曲线轮廓相切接触，使从动件与凸轮形成滚动摩擦，如图 5-47（b），（e）所示。滚子从动件由于滚动减小了摩擦，减轻了磨损，还增大了接触面积，所以可承受较大的载荷，应用最为广泛。但结构较复杂，尺寸、重量较大，不易润滑且轴销强度较低。

（3）平底从动件　从动件的端部以一平面与凸轮共线轮廓相切接触，如图 5-47（c），（f）所示。平底从动件与凸轮接触易成楔形油膜，润滑较好，传动平稳，噪声小，磨损小。如果不计摩擦时，凸轮对从动件的作用力始终垂直于平底，传动效率较高，接触面积也较大。故常用于高速、承载大的场合，但不能用于具有内凹轮廓的凸轮。

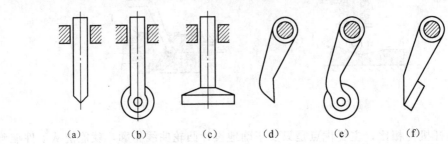

| (a) | (b) | (c) | (d) | (e) | (f) |

图 5-47　从动件的不同形式

3. 凸轮机构从动件的运动规律

凸轮机构中，从动件的运动由凸轮轮廓决定。设计凸轮机构时，首先应根据工作要求确定从动件的运动规律，然后按照这一运动规律设计凸轮轮廓曲线。

下面以图 5-48 为例，说明从动件的运动规律与凸轮轮廓曲线之间的相互关系。以凸轮的最小向径为半径所作的圆称为**基圆**，基圆半径用 γ_b 表示。图示位置是从动件处于上升的起始位置，其尖顶与凸轮为 A 点接触。凸轮以等角速度 ω 逆时针回转一周时，从动件的运动如表 5-2 所示。从动件在推程或回程中移动的最大距离 h 称为**升程**。凸轮继续回转，从动件以一定规律重复上述运动。

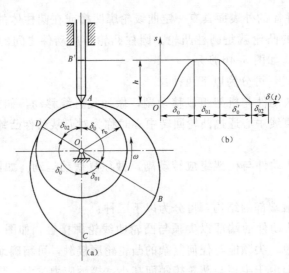

图 5-48　对心尖顶直动从动件盘形凸轮机构

表 5-2　凸轮转角 δ 与从动件运动状态

凸轮转角 δ	$\delta_0 = \angle AOB$	$\delta_{01} = \angle BOC$	$\delta_0 = \angle COD$	$\delta_{02} = \angle DOA$
	推程角	远停程角	回程角	近停程角
从动件运动	从 A 点上升到最高位置 B 点	在最高位置处静止不动	在最高位置 B 点下降到起始位置 A 点	在最低位置处静止不动
	推程	远停程	回程	近停程

从动件常用的运动规律有等速运动、等加速等减速运动规律，它们的运动线图、特点及应用如表 5-3 所示。

表 5-3　从动件的运动线图，特点及应用

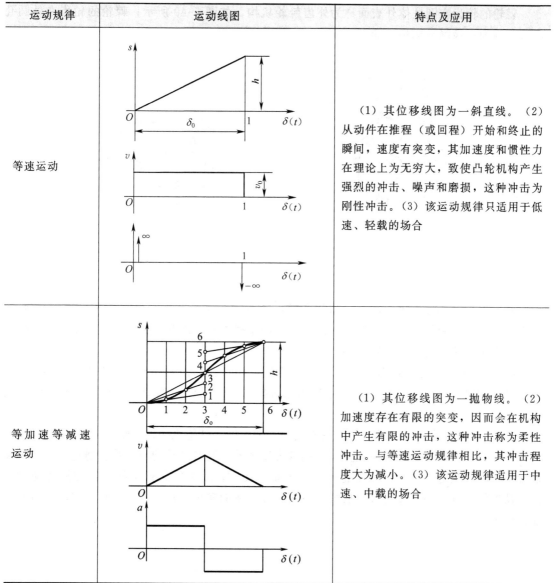

运动规律	运动线图	特点及应用
等速运动		（1）其位移线图为一斜直线。（2）从动件在推程（或回程）开始和终止的瞬间，速度有突变，其加速度和惯性力在理论上为无穷大，致使凸轮机构产生强烈的冲击、噪声和磨损，这种冲击为刚性冲击。（3）该运动规律只适用于低速、轻载的场合
等加速等减速运动		（1）其位移线图为一抛物线。（2）加速度存在有限的突变，因而会在机构中产生有限的冲击，这种冲击称为柔性冲击。与等速运动规律相比，其冲击程度大为减小。（3）该运动规律适用于中速、中载的场合

5.3.2 棘轮机构

棘轮机构是间歇运动机构中的一种，典型的棘轮机构如图 5-49 所示。它由棘轮 1、摇杆 2、棘爪 3 和机架组成。一般摇杆为主动件，棘轮为从动件。棘轮、摇杆与机架组成同轴转动副；棘爪与摇杆组成转动副。

由图 5-49 可以看出，当摇杆向左摆动时，装在摇杆上的棘爪 3 嵌入棘轮的齿槽内推动棘轮 1 同时与摇杆转过一个角度；当摇杆向右动时，棘爪 3 只能在棘轮 1 的齿背上滑过，不能带动棘轮产生转动，棘轮 1 静止不动。止回棘爪 4 就是为了防止摇杆向右摆动时，棘轮跟随摇杆反转而设置的。这样当摇杆 2 继续往复摆动时，通过棘爪带动棘轮，可以产生时转时停的单方向间歇转动。

棘轮的轮齿在圆柱体外表面称为**外齿棘轮机构**，如图 5-49 所示；棘轮的轮齿在外圆孔内表面称为**内齿棘轮机构**，如图 5-50 所示。

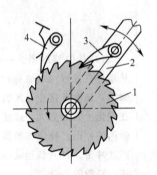

图 5-49 外齿棘轮机构

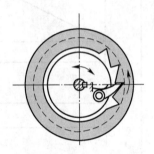

图 5-50 内齿棘轮机构

棘轮机构可实现送进、制动、超越和转位等运动要求，结构简单，运转可靠，棘轮的转角可实现有级调整。但棘齿易磨损，且在传动过程中有噪声和冲击，平衡性较差，故棘轮机构适用于低速、轻载的间歇运动。

图 5-51 所示为起重设备安全装置中的棘轮机构，当起吊重物时，如果机械发生故障，重物有可能出现自动下落的危险，这时棘轮机构的棘爪卡在轮柄中，起到防止棘轮倒转的作用。

图 5-52 所示的自行车后轴上的飞轮就是一个内啮合棘轮机构，飞轮 2 的外圈是链轮齿，内圈是棘轮，棘爪 3 安装于后轴上。当链条带动飞轮 2 逆时针转动地，棘轮通过棘爪 3 带动后轴 1 转动；当链条停止时，飞轮也停止转动，此时，后轴因自行车的惯性作用将继续转动，棘爪将沿棘轮的齿面滑过，后轴与飞轮脱开，从而实现了从动件转速超过主动件转速的超越作用。

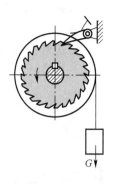

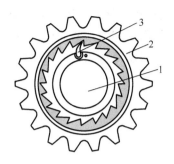

图 5-51　起重机安全装置　　　　　　　　图 5-52　自行车飞轮

5.3.3　槽轮机构

1. 槽轮机构组成及工作原理

槽轮机构也是间歇运动机构中的一种，典型的槽轮机构如图 5-53 所示。它是由带圆销的主动曲柄 1、带径向槽的从动槽轮 2 和机架组成。曲柄、槽轮与机架组成转动副，曲柄与槽轮组成高副。当曲柄上的圆销 A 未进入槽轮的径向槽时，由于槽轮的内凹锁止弧与曲柄的外凸锁止弧锁住，槽轮不动，如图 5-53（a）所示；当曲柄上的圆销 A 进入槽轮的径向槽时，锁止弧被松开槽轮被圆销 A 带动回转一个角度，然后圆销由径向槽内脱出，如图 5-53（b）所示。曲柄连续转动，圆销 A 再次进入槽轮径向槽，带动槽轮转动；圆销 A 离开槽轮，槽轮又静止。这样当曲柄连续转动时，通过曲柄圆销带动槽轮，可以产生时动时停单方向的间歇转动。

曲柄与槽轮的转动方向相反称为**外槽轮机构**，如图 5-53 所示；槽轮与曲柄的转动方向相同称为**内槽轮机构**，如图 5-54 所示。

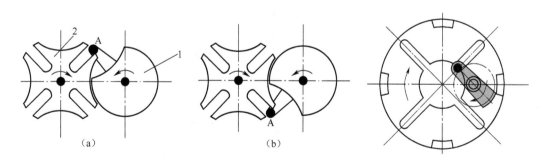

（a）　　　　　　　　　　　　　　　　（b）

图 5-53　单圆销外槽轮机构　　　　　　　图 5-54　内槽轮机构

2. 槽轮机构特点和应用

槽轮机构结构简单，机械效率高，运动较平稳，在自动机械中应用很广。图 5-55 所示为电影机中的槽轮机构，槽轮上有 4 个径向槽，当曲柄转动一周，圆销将拨动槽轮转过 1/4

周，影片移过一个幅面，并停留一定的时间，因而满足了人眼视觉需要暂留图像的要求；图 5-56 中的自动传送链装置，运动由主动构件 1 传给槽轮 2，再经一对齿轮 3、4 使与齿轮 4 固连的链轮 5 做间歇转动，从而得到传送链 6 的间歇移动，传送链上装有装配夹具的安装支架 7，故可满足自动流水线上的作业要求。

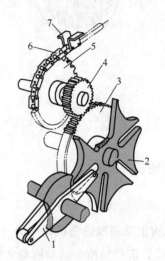

图 5-55 电影机的槽轮机构   图 5-56 自动传送链装置

问题思考

如图 5-57 所示的浇铸自动线的输送装置采用了何种机构？该机构转角是否可调节？若可调节，试分析调节转角的方法？

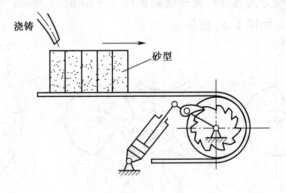

图 5-57 浇铸自动线步进装置

习　题

1. 填空题

(1) 在铰链四杆机构中曲柄最多是_____个，摇杆最少数目是_____个。

(2) 在铰链四杆机构中有_____个连架杆、_____个机架和_____个连杆。

(3) 铰链四杆机构的三种类型是_____、_____和_____机构。

(4) 平行双曲柄机构的特点是两曲柄的_____完全相同。

(5) 曲柄摇杆机构中最短是_____杆。

(6) 曲柄滑块机构分为_____机构和_____机构两种。

(7) 导杆机构分为_____机构、_____机构。

(8) 急回特性是往复运动从动件"来"、"去"_____不相等。

(9) 压力角是从动件上受到的主动力方向与该点的_____所夹的锐角。

(10) 压力角越大，机构有效分力越_____，机构动力传递性能越_____。

(11) 机构处于死点位置时其压力角 $\alpha=$_____.

(12) 在曲柄摇杆机构中，当_____为主动件时，机构才会出现死点位置。

(13) 移动凸轮机构中，凸轮与机架组成_____副，凸轮与从动件组成_____副。

(14) 凸轮机构的从动件分为往复_____从动件和往复_____从动件。

(15) 凸轮机构中，滚子从动件传力_____、耐_____。

(16) 凸轮机构中，平底从动件易形成_____，故常用于_____中。

(17) 棘轮机构由_____、_____、_____和_____组成的。

(18) 槽轮机构由_____、_____、_____组成，_____为主动件。

2. 选择题

(1) 在曲柄摇杆机构中最短杆应是_____。

    A. 连架杆　　　　　　　　　B. 连杆　　　　　　　　　C. 机架

(2) 具有急回特性四杆机构的行程速比系数 K 应是_____。

    A. $K>1$　　　　　　　　　B. $K=0$　　　　　　　　C. $0 \leqslant K \leqslant 1$

(3) 机构克服死点位置时压力角 $\alpha=$_____。

    A. $\alpha<0°$　　　　　　　　B. $\alpha=0°$　　　　　　　C. $\alpha=90°$

(4) 机构克服死点位置的方法是_____。

    A. 利用惯性　　　　　　　　B. 加大主动力　　　　　　C. 提高安装精度

(5) 凸轮机构的特点是_____。

    A. 结构简单紧凑　　　　　　B. 不易磨损　　　　　　　C. 传递动力大

(6) 棘轮结构中，一般摇杆为主动件，做_____。

    A. 往复摆动　　　　　　　　B. 往复移动　　　　　　　C. 整周转动

(7) 凸轮机构中耐磨损、可承受较大载荷的是_____从动件。

    A. 尖顶　　　　　　　　　　B. 滚子　　　　　　　　　C. 平底

(8) 凸轮机构中可用于高速，但不能用于凸轮轮廓内凹场合的是_____从动件。

    A. 尖顶　　　　　　　　　　B. 滚子　　　　　　　　　C. 平底

第6章　机械连接及螺旋传动

学习目标

1. 了解键与销连接的特点及应用。
2. 了解螺纹连接的种类及应用。
3. 掌握螺纹连接的预紧和防松。
4. 了解螺旋传动的类型。

知识点

1. 松键连接的常用类型和工作特点。
2. 紧键连接的类型。
3. 销的类型和销连接应用特点。
4. 螺纹连接的类型。
5. 螺栓连接的防松以及常用的防松方法。

相关链接

机械加工方法有车、钻、刨、铣、磨等。习惯上说的切削是指机械加工（冷加工）。机械零件绝大部分依靠切削加工方法获得。右图所示为汽车变速箱中齿轮键槽的加工（采用一次拉刀成形方法）。

机械连接有两大类：一类是被连接的零（部）件间可以有相对运动的连接，称为**机械动连接**，如各种运动副；另一类是被连接的零（部）件间不允许有相对运动的连接，称为**机械静连接**。

机械静连接又分为可拆连接和不可拆连接。允许多次装拆而无损其使用性能的连接称为**可拆连接**，如键连接、销连接及螺纹连接等。必须破坏或损伤连接中的某一部分才能拆开的连接称为**不可拆连接**，如焊接、铆接及粘接等。

6.1 键 连 接

键是一种标准件，主要用于轴与轴上零件（如齿轮、带轮）的周向固定并传递转矩，其中有些可以实现轴上零件的周向固定或轴向滑动。

键连接是由键、轴和轮毂组成，它主要用以实现轴和轮毂的周向固定并传递转矩。

键连接的主要类型有：平键连接、半圆键连接、楔键连接、切向键连接和花键连接。它们均已标准化。

6.1.1 平键连接

平键连接按用途分为普通平键连接、导向平键连接和滑键连接三种类型。

1. 普通平键连接

普通平键用于静连接，即轴与轮毂之间无轴向相对移动。根据键的端部形状不同，普通平键分为 A、B、C 三种类型，如图 6-1 所示。

（1）A 型平键　键放置在与其形状相同的键槽中，因此键的周向定位好，应用最广泛，但键槽会使轴产生较大的应力集中。

（2）B 型平键　由于轴上键槽是用盘形铣刀加工的，避免了圆头平键的缺点，但键在键槽中固定不良，常用螺钉将其紧定在轴上键槽中，以防松动。

（3）C 型平键　常用于轴端与毂类零件的连接。

图 6-2 所示为普通平键连接。

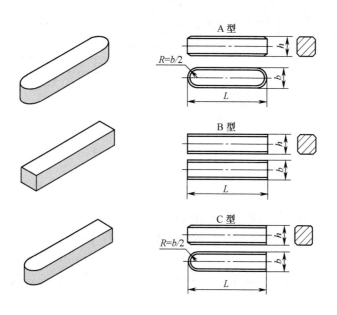

图 6-1　普通平键的三种类型

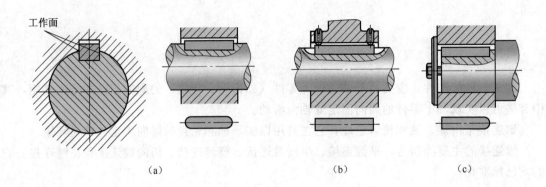

（a）　　　　　　　　　　　　　　　　　（b）　　　　　　　　　　　（c）

图 6-2　普通平键连接

2. 导向平键连接

图 6-3 所示为导向平键连接，注意与普通平键连接的区别。

导向平键连接的特点：

（1）导向平键是一种较长的平键，用螺钉将其固定在轴的键槽中。

（2）导向平键除实现周向固定外，由于轮毂与轴之间均为间隙配合，允许零件沿键槽作轴向移动，构成动连接。

（3）装拆方便，在键的中部设有起键螺孔。

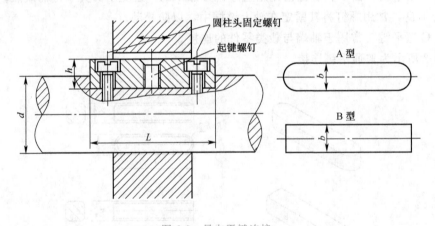

图 6-3　导向平键连接

3. 滑键连接

图 6-4 所示为滑键连接，滑键连接的特点：

（1）因为滑移距离较大时，用过长的平键制造困难，所以当轴上零件滑移距离较大时，宜采用滑键。

（2）滑键固定在轮毂上，轮毂带动滑键在轴槽中做轴向移动，需要在轴上加工长的键槽。

平键安装后依靠键与键槽侧面相互配合来传递转矩，键的两侧面是工作面。在键槽内，键的上表面和轮毂槽底之间留有空隙。

平键连接结构简单，装拆方便，加工容易，对中性好，应用广泛。

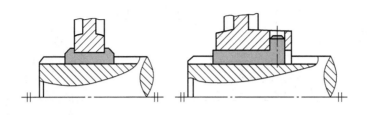

图 6-4　滑键连接

6.1.2　半圆键连接

图 6-5 所示为半圆键连接，半圆键连接的主要特点：

（1）半圆键呈半圆形，用于静连接。

（2）键的两侧面为工作面。这种键连接的优点是工艺好；缺点是轴上键槽较深，对轴的强度削弱较大，故主要用于轻载和锥形轴端的连接。

（3）半圆键连接具有调心性能，装配方便，尤其适合于锥形轴与轮毂的连接。

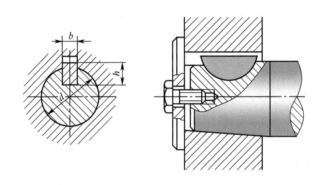

图 6-5　半圆键连接

6.1.3　楔键连接

图 6-6 所示为楔键连接，楔键连接的主要特点：

（1）楔键连接只用于静连接，楔键的上、下表面是工作面，其上表面和轮毂槽底均有 1∶100 的斜度，装配时需打入。

（2）装配后，键的上、下表面与轮毂和轴上的键槽底面压紧，工作时靠键、轮毂、轴之间的摩擦力来传递转矩。由于键本身具有一定的斜度，因此这种键能承受单方向的轴向载荷，对轮毂起到轴向定位作用。

（3）楔键连接易松动。主要用于载荷平稳定心精度不高的低速场合。

楔键分为普通楔键和钩头楔键，如图 6-7 所示。钩头楔键的钩头是为了便于拆卸，轴端使用楔键时，为了安全应加防护罩。

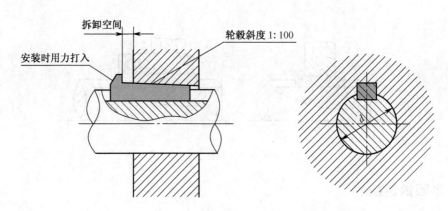

图 6-6　楔键连接

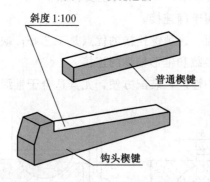

图 6-7　楔键

6.1.4　切向键连接

图 6-8 所示为切向键连接。切向键连接的特点：

（1）切向键连接用于静连接，切向键由一对斜度为 1：100 的普通楔键组成。

（2）两个楔键沿斜面拼合后，相互平行的上、下两面是工作面。装配时，把一对楔键分别从轮毂两端打入并楔紧，其中之一的工作面通过轴心线的平面，使工作面上压力沿轴的切线方向作用，因此切向键连接能传递很大的转矩。

（3）切向键工作时靠工作面间的相互挤压和轴与轮毂的摩擦力传递转矩。若采用一个切向键连接，则只能传递单向转矩，如图 6-8（b）所示；当有反转要求时，就必须用两个切向键，同时为了不削弱轴的强度，两个切向键应相隔 120°～130° 布置，如图 6-8（c）所示。

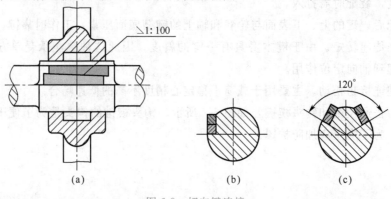

图 6-8　切向键连接

6.1.5　花键连接

花键连接是由均匀分布的多个键齿的花键轴与带有相应键齿槽的轮毂相配合组成的可拆连接。花键连接中花键轴、花键孔零件如图 6-9 所示。

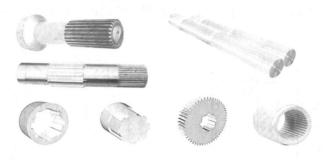

图 6-9　花键轴和花键孔

花键连接的主要特点：

（1）由于其工作面为均布多齿的齿侧面，故承载能力高。

（2）轴上零件和轴的对中性好，导向性好，键槽浅，齿根应力集中小，对轴和轮毂的强度影响小。

（3）加工时需要专用设备、量具和刃具，制造成本高。

（4）适用于载荷较大、定心要求较高的静连接和动连接，在汽车、拖拉机、机床制造和农业机械中有较广泛的应用。

综上所述，键连接可分为松键连接和紧键连接。

松键连接有平键、半圆键和花键连接，键的两个侧面为工作面，键与键槽的侧面需要紧密配合，键的顶面与键槽孔顶面留有一定的间隙。松键连接时轴与孔零件的对中性好，尤其在高速精密传动中应用较多。松键连接不能承受轴向力。紧键连接有楔键和切向键两种类型紧键连接主要指锲连接，键的上、下表面都是工作面，上表面及与其相接触的轮毂槽底面。均有 1：100 的斜度。键侧与键槽有一定的间隙，装配时将键打入够成紧键连接，由过盈作用传递转矩，并能传递单向的轴向力，还可轴向固定零件。

（问题思考）

　　1. 一个轴转动时，如何带动其上的齿轮一起转动？有哪几种连接方法？

　　2. 如果将齿轮紧套在轴上，这样的传动是否可靠？有什么潜在的隐患？

销连接

销的主要用途是确定零件间的相互位置，起定位作用，也可用于轴与轮毂间的连接与传递不大的载荷。

6.2.1　销连接的用途和种类

销连接的基本形式如图 6-10 所示，销主要包括三种类型。

（1）定位销　主要用于零件间的定位，如图 6-10（a）所示。常用于组合加工装配时的辅助零件。

（2）连接销　主要用于零件间的连锁或锁定，如图 6-10（b）所示。可传递不大的载荷。

（3）安全销　主要用于安全保护装置中的过载剪断元件，如图 6-10（c）所示。

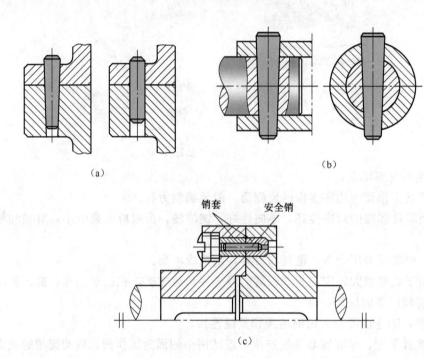

（a）　　　　　　　　　　　　　　　　　（b）

销套　　安全销

（c）

图 6-10　销连接

6.2.2　销连接的应用

销是标准件，通常用于零件间的连接或定位。常用的销有圆柱销、圆锥销和开口销。如图 6-11 所示为开口销，用在带孔螺栓和带槽螺母上，将其插入槽型螺母的槽口和带孔螺栓的孔，并将销的尾部叉开，以防止螺栓松脱。

图 6-11　开口销

6.3　螺　纹　连　接

6.3.1　螺纹的概述

各种螺纹都是根据螺旋线原理加工而成，螺纹加工大部分采用机械化批量生产。对于小批量、单件产品，内、外螺纹均可在车床上加工，内螺纹也可以先在工件上钻孔，再用丝锥攻制而成。

1. 螺纹的形成

螺纹的形成原理，如图 6-12 所示。

（1）将底边 AB 长为 πd 的直角三角形 ABC 绕在直径为 d 的圆柱体上，则三角形的斜边 AC 在圆柱体上便形成一条螺旋线，底边 AB 与斜边 AC 的夹角 λ 为螺旋线的升角。

（2）当取三角形、矩形或锯齿形等平面图形，使其保持与圆柱体轴线共面状态，并沿螺旋线运动时。则该平面图形的轮廓线在空间的轨迹便形成螺纹。

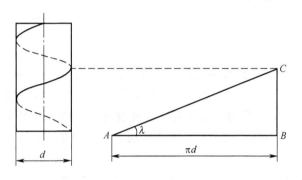

图 6-12　螺纹的形成原理

按螺纹的旋向可将螺纹分为左旋螺纹和右旋螺纹。一般常用的是右旋螺纹，左旋螺纹仅用于某些有特殊要求的场合。

螺纹的旋向可用右手判别：将右手掌打开，四指并拢，大拇指伸开，手心对着自己，如果螺纹环绕方向与拇指指向一致，则螺纹为右旋螺纹，反之则为左旋螺纹，如图 6-13 所示。

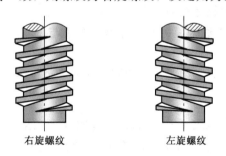

右旋螺纹　　　　　左旋螺纹

图 6-13　右旋和左旋螺纹

2. 螺纹的主要参数

螺纹的主要参数，如图 6-14 所示。

（1）大径（d 或 D）　螺纹的最大直径。外螺纹是最大直径，内螺纹是最大孔径。规定它为螺纹的**公称直径**。

（2）小径（d_1 或 D_1）　螺纹的最小直径。外螺纹是最小直径，内螺纹是最小孔径。是螺纹强度计算的直径。

（3）中径（d_2 或 D_2）　在螺纹轴面内（过螺纹轴线的平面），螺纹牙的厚度和螺纹牙槽宽度相等处所对应的直径。是螺纹几何计算和受力计算的直径。

（4）螺距（P）　相邻两螺纹牙对应点之间的轴向距离。它表示了螺纹的疏密程度，螺距越小螺纹越密集。

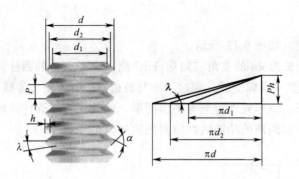

图 6-14　螺纹的主要参数

（5）线数（n）　形成螺旋线的根数，如图 6-15 所示。一般为便于制造 $n \leqslant 4$。单线螺纹的自锁性较好，多用于连接；双线螺纹、多线螺纹传动效率高，主要用于传动。

（6）导程（ph）　同一螺旋线相邻螺纹牙对应点之间的轴向距离称为导程。图 6-15 中 $ph = nP$。在螺旋副中每转动一周，螺纹轴向移动位移大小为 ph。

（7）螺旋升角（λ）　螺纹中径圆柱展开成平面后，螺旋线变成的矩形对角线与 πd_2 底边的夹角。它表示了螺纹的倾斜程度，螺纹升角越大，螺纹的倾斜程度越大，如图 6-15 所示。

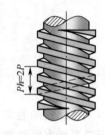

图 6-15　螺纹线数

$$\tan \lambda = \frac{ph}{\pi d_2} = \frac{nP}{\pi d_2}$$

（8）牙型角（α）　在螺纹轴面内螺纹牙型两侧边的夹角如图 6-14 所示。一般牙型角越大，螺纹牙根的抗弯强度越高。

（9）牙侧角（β）　在螺纹轴面内螺纹牙型一侧边与垂直螺纹轴线平面的夹角。牙侧角越小，螺纹传动效率越高。

内、外螺纹能组成螺旋副必须是旋向相同、牙型一致、参数相等。

3. 螺纹的类型、特点及应用

螺纹根据牙型分为普通螺纹（三角螺纹）、管螺纹（三角螺纹）、矩形螺纹、梯形螺纹、锯齿形螺纹等，如图 6-16 所示。其中普通螺纹、管螺纹主要用于连接，其他螺纹用于传动。

（1）普通螺纹　普通螺纹的牙型为等边三角形，牙型角 $\alpha = 60°$，$\beta = 30°$。牙根强度高、自锁性好，工艺性能好，主要用于连接。同一公称直径按螺距大小分为粗牙螺纹和细牙螺纹。粗牙螺纹用于一般连接。细牙螺纹升角小、螺距小、螺纹深度浅、自锁性最好、螺杆强度较高。适用于受冲击、振动和变载荷的连接和薄壁管件的连接。但细牙螺纹耐磨性较差，牙根强度较低，易滑扣。

（2）管螺纹　管螺纹的牙型为等腰三角形，牙型角 $\alpha = 55°$，$\beta = 27.5°$。公称直径近似为管子孔径，以 in（英寸）为单位。由于牙顶呈圆弧状，内、外螺纹旋合后相互挤压变形后无径向间隙，多用于有紧密性要求的管件连接，以保证配合紧密。适于压力不大的水、煤气、油等管路连接。锥管螺纹与管螺纹相似，但螺纹是绕制在 1：16 的圆锥面上，紧密性更好。适用于水、气、以及高温、高压的管路连接。

（3）梯形螺纹　梯形螺纹牙型为等腰梯形，牙型角 $\alpha = 30°$，$\beta = 15°$。比三角形螺纹当量摩擦因数小，传动效率较高；比矩形螺纹牙根强度高，承载能力高，加工容易，对中性能好，可补偿磨损间隙，故综合传动性能好，常用于传动螺纹。

（4）矩形螺纹　矩形螺纹的牙型为正方形，牙厚是螺距的一半。牙型角 $\alpha = 0°$，$\beta = 0°$。矩形螺纹当量摩擦因数小，传动效率高。但牙根强度较低、难于精确加工、磨损后间隙难以修复和补偿，对中精度低。

（5）锯齿形螺纹　锯齿形螺纹牙型为不等腰梯形，牙型角 $\alpha = 33°$，工作面的牙侧角 $\beta = 3°$，非工作面的牙侧角 $\beta' = 30°$。综合了矩形螺纹传动效率高和梯形螺纹牙根强度高的优点，但只能用于单向受力的传动。

上述螺纹类型，除了矩形螺纹外，其余都已标准化。

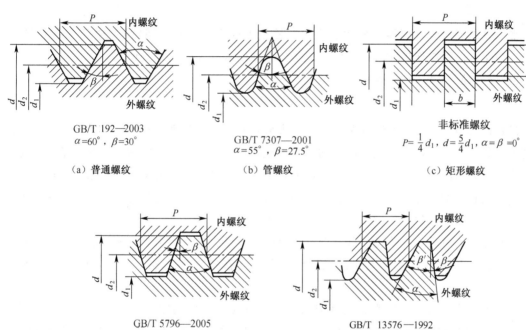

图 6-16　螺纹牙型分类

4. 螺旋副的自锁和效率

（1）螺旋副的自锁　指拧紧的螺母，无论螺纹承受的轴向力有多大，都不能使螺母沿螺纹相对转动而自动松开的性能，称为**螺纹的自锁性**。在其他条件相同的情况下，牙侧角 β 越大，螺纹的头数几越少，螺距 P 越小、螺纹的自锁性能就越好。连接螺纹一般都具有较好的自锁性，所以三角螺纹、单头螺纹多用于连接。

（2）螺旋副传动效率　牙侧角 β 越小，螺纹的头数 n 越多，螺距 P 越大，螺旋副的传动效率就越高。所以多头螺纹、其他螺纹牙型多用于传动，以提高传动效率。

6.3.2 螺纹连接

螺纹连接具有结构简单、装拆方便、连接可靠等特点，是一种应用广泛的可拆连接。螺纹连接大部分已标准化，根据国家标准选用十分便利。

1. 螺纹连接类型

螺纹连接由螺纹连接件与被连接件构成。螺纹连接的主要类型包括：普通螺栓连接（受拉螺栓连接）、铰制孔用螺栓连接（受剪螺栓连接）、双头螺柱连接、螺钉连接及紧定螺钉连接等几种类型。其连接结构形式、主要尺寸及应用特点等如表 6-1 所示。

2. 常用螺纹连接件

常用螺纹连接件有螺栓（带螺栓头的螺栓、无螺栓头的双头螺柱）、螺钉、紧定螺钉、螺母、垫圈等。螺纹连接件大部分已标准化，根据国家标准选用十分便利。常用螺纹连接件的结构特点及应用如表 6-2 所示。

3. 螺纹连接的预紧力

（1）预紧力概念　在实际安装使用时，大多数螺纹连接都需要拧紧。拧紧就是在连接件未受工作载荷前，给螺母施加足够大的拧紧力矩，使连接件产生一定的压缩弹性变形，这样在连接件接触表面会产生很大的相互挤压力，进而可以产生很大的摩擦力克服外载；拧紧也使螺栓产生相应的拉伸弹性变形，螺栓受到与挤压力相等的反作用拉力作用。这个在螺栓工作前，由于拧紧使螺栓产生的拉伸作用力称为**预紧力**。

（2）拧紧的意义　拧紧的目的是保证连接件有足够大的摩擦力，克服外载；增强连接的紧密性，防止受载后连接件之间出现间隙；保证连接件之间的相互位置，防止发生相对滑动。

（3）预紧力的控制　拧紧的力矩越大，连接件接触表面的摩擦力越大，连接件克服外载的越大，螺栓连接能力越强。但同时螺栓受到的预紧力越大，螺栓连接工作后这种轴向拉力可能会进一步加大，使螺栓因过载拉断失效的可能性增大。所以螺栓连接的预紧力要适当，既不使螺栓过载，又保证连接所需的预紧力，从而可以有效地保证连接的可靠性。因此，对于重要的螺栓连接，在拧紧时需要控制预紧力。通常控制预紧力的方法有：采用指针式扭力扳手或预置式定力矩扳手，如图 6-17 所示。对于重要的连接，采用测量螺栓伸长法检查。

（a）指斜式扭力扳手　　　　　　　　　　（b）预置式定力矩扳手

图 6-17　控制预紧力的扳手

表 6-1　螺纹连接的主要类型

类型	构造	特点及应用	主要尺寸关系
螺栓连接	普通螺栓连接	螺栓穿过两个被连接件的通孔，螺栓孔和螺栓之间有间隙（$d_0 > d$）。拧紧螺母，在两个连接件表面之间，产生很大挤压力，进而在连接件接触表面，产生很大的摩擦力，克服外载，实现固定。该连接结构简单、工作可靠、装拆方便、承载大、成本低、不受被连接件材料限制、不加工螺纹。广泛用于传递轴向载荷且被连接件厚度不大，能从两边进行安装的场合	1. 螺纹余留长度 l_1 静载荷 $l_1 \geqslant (0.3 \sim 0.5)\, d$ 变载荷 $l_1 \geqslant 0.75d$ 冲击、弯曲载荷 $l_1 \geqslant d$ 铰制孔时 $l_1 \approx 0$ 2. 螺纹伸出长度 l_2 $l_2 \approx (0.2 \sim 0.3)\, d$ 3. 旋入被连接件中的长度 l_3 　被连接件的材料为钢或青铜 $l_3 \approx d$ 铸铁 $l_3 \approx (1.25 \sim 1.5)\, d$ 铝合金 $l_3 \approx (1.5 \sim 2.5)\, d$ 4. 螺纹孔的深度 l_4 $l_4 = l_3 + (2 \sim 2.5)\, P$ 5. 钻孔深度 l_5 $l_5 = l_4 + (3 \sim 3.5)\, P$ 6. 螺栓轴线到被连接件边缘的距离 e $e = d + (3 \sim 6)$ mm 7. 普通螺栓连接通孔直径 d_0 $d_0 \approx 1.1d$ 8. 紧定螺钉直径 $d_0 \approx (0.2 \sim 0.3)\, d_轴$
螺栓连接	铰制孔用螺栓连接	螺栓穿过两个连接件铰制的通孔，螺栓孔和螺栓之间是过渡配合（$d_0 = d$）。相当于在螺栓孔中放入一个圆柱销，拧住螺母以防螺栓脱出。靠螺栓受挤压的能力，克服外载，实现固定。该连接结构简单、工作可靠、装拆方便、具有定位作用；但通孔要铰制、螺栓需精制，连接成本高、承载不大。适用于传递横向载荷或需要精确固定连接件相互位置的场合	
双头螺柱连接		双头螺柱的一端旋入较厚连接件的螺纹孔中并固定，另一端穿过较薄被连接件的通孔，螺栓孔和螺栓之间有间隙。与普通螺栓连接一样，拧紧螺母，靠连接件接触表面产生很大的摩擦力，克服外载，实现固定。这种连接拆卸时，只需要把螺母拧下即可，而螺柱留在原位，以免因多次拆卸使内螺纹磨损脱扣。该连接适用于被连接件之一较厚，可加工螺纹，且经常装拆的场合。其螺柱的拧入深度的取值与被连接件的材料、螺柱的直径有关	
螺钉连接		螺栓穿过较薄连接件的通孔，直接旋入较厚连接件的螺纹孔中，不用螺母，需要拧紧螺栓。该连接与用双头螺柱连接相似，适用于连接件之一较厚，可加工螺纹，且不经常装拆的场合	
紧定螺钉连接		紧定螺钉旋入一连接件的螺纹通孔中，并用露出的尾部顶住另一连接件的表面或相应的凹坑中，固定它们的相对位置，还可传递不大的力或转矩。有时为了防止轴向窜动加设紧定螺钉	

表 6-2　常用螺纹连接件的结构特点及应用

类型	图例	结构特点及应用
六角头螺栓	15°～30°	螺栓是应用最为普遍的连接件之一。螺栓的头部有各种不同形状，最常见的是标准六角头和小六角头。一般使用标准六角头，在空间尺寸受到限制的地方使用小六角头螺栓。但小六角头螺栓的支承面积较小，在经常拆卸的场合，螺栓头的棱角易于磨圆。螺栓杆部可制出一段螺纹或全螺纹，螺纹有粗牙或细牙之分。螺栓的精度有普通和精制之分
双头螺柱	A 型　C×45° C×45° d B 型　C×45° C×45° d	螺柱两端都有螺纹，中间为光杆无螺纹，螺柱可带退刀槽。双头螺柱两端螺纹的公称直径及螺距相同，螺纹长度不一定相等。螺柱的一端旋入较厚连接件的螺孔中，旋入后即不拆卸；另一端则拧紧螺母
螺钉	十字槽盘头　六角头 内六角圆柱头　一字开槽沉头　一字开槽盘头	螺钉的头部有各种形状，为了明确表示螺钉的特点，所以通常以其头部的形状来命名，有六角头、内六角孔、圆柱头、圆头、盘头和沉头等；以头部旋具（起子）槽命名，有一字槽、十字槽、十一字槽等形式。十字槽螺钉头部强度高，对中性好，易于实现自动化装配；内六角孔螺钉能承受较大的扳手力矩，连接强度高，可代替六角头螺栓，用于要求结构紧凑的场合。螺钉的承载力一般较小。在许多情况下，螺栓也可以用螺钉
紧定螺钉	R d 90° l	紧定螺钉的末端形状，常用的有锥端、平端和圆柱端。锥端适用于被顶进零件的表面硬度较低或不经常拆卸的场合；平端接触面积大，不伤零件表面，常用于顶进硬度较大的平面或经常拆卸的场合；圆柱端压入轴上的凹坑中，适用于紧定空心轴上的零件位置。紧定螺钉主要用于小载荷的情况下，以传递圆周力为主，防止传动零件的轴向窜动等。可以看出：紧定螺钉的工作面是在末端，所以对于重要的紧定螺钉需要淬火硬化后才能满足要求

类型	图例	结构特点及应用
六角螺母	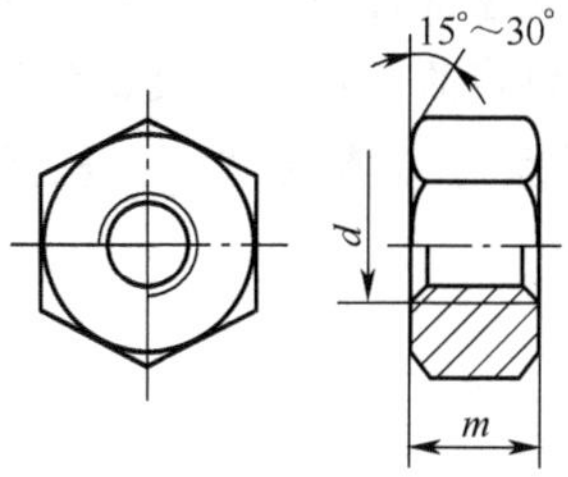	螺母是和螺栓相配套进行拧紧的标准零件,其外形有:六角形、圆形、方形及其他特殊的形状。根据六角螺母厚度的不同,分为标准、厚、薄三种。六角螺母的制造精度和螺栓相同
圆螺母	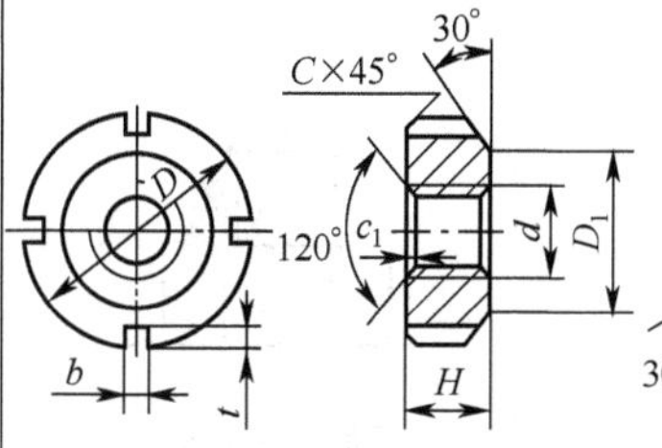 圆螺母 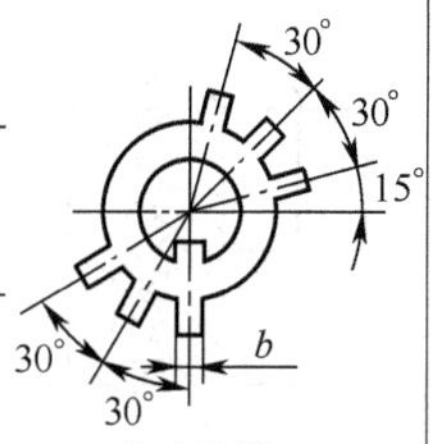 止动垫圈	圆螺母常与止动垫圈配用,装配时将垫圈内舌插入轴上的槽内,而将垫圈的外舌嵌入圆螺母的槽内,起到防松作用。它常用于轴上零件的轴向固定
垫圈	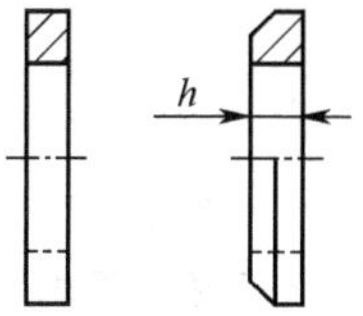 平垫圈 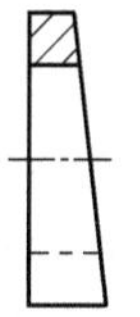 斜垫圈	垫圈是螺纹连接中不可缺少的零件,常放置在螺母和被连接件之间,其作用是增加支承面积、减小挤压应力和保护连接件表面。同一螺纹直径的垫圈又分为特大、大、普通和小四种规格,特大垫圈主要在铁木结构上使用,斜垫圈只用于倾斜的支承面上
钢膨胀螺栓	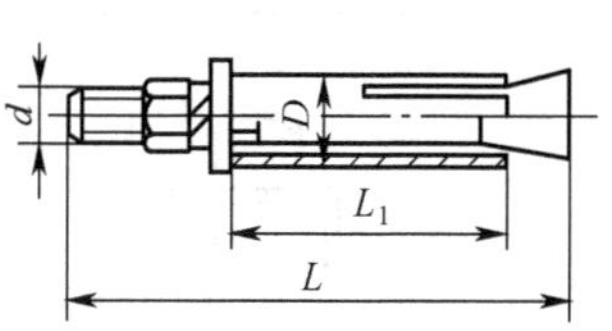 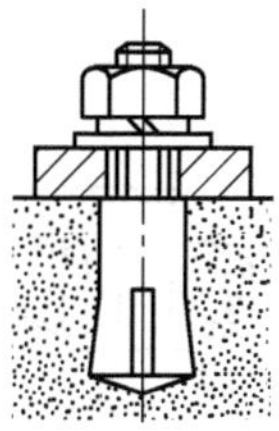 安装示意图	用于墙壁上物体的支承固定。连接靠胀管在预钻孔内膨胀,与孔壁挤压产生足够的连接力。常用螺纹规格 M6～M16,螺旋长度 65～300 mm。胀管直径 10～22 mm。钻孔直径见有关手册
塑料胀管	 甲型 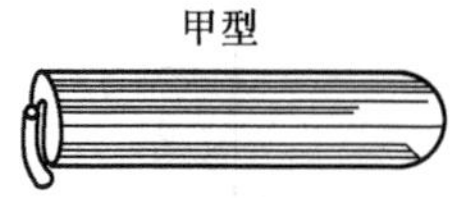 乙型	分为甲型、乙型。适用于木螺钉旋紧连接处。靠螺钉旋入胀管,胀管径向膨胀与预钻孔壁胀紧,形成连接。常用于混凝土、硅酸盐砌块等墙壁。直径 6～12 mm,长度 31～60 mm。钻孔直径应小于或等于胀管直径
紧定螺钉	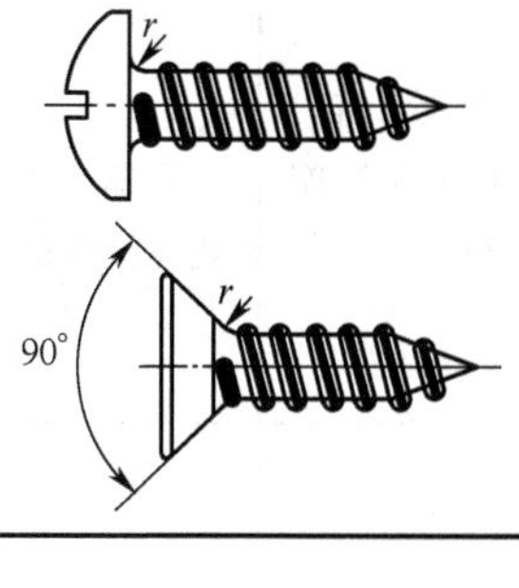	多用于连接较薄的钢板和有色金属板。螺钉较硬,一般热处理硬度 50～56HRC。安装前需预制孔,在实际使用时,应根据具体条件,经过适当的工艺验证,确定最佳预制孔尺寸,但不需预制螺纹,在连接时利用螺钉直接攻出内螺纹。自攻螺钉用板厚为 1.2～5.1 mm

95

第6章 机械连接及螺旋传动

4. 螺纹连接的防松

为了增强连接的可靠性、紧密性和坚固性，螺纹连接件在承受载荷之前需要拧紧，使其受到一定的预紧力作用。螺纹连接拧紧后，一般在静载荷和温度不变的情况下，不会自动松动，但在冲击、振动、变载或高温时，螺纹副间摩擦力可能会减小，从而导致螺纹连接松动，所以必须采取防松措施。

常用的防松方法如表 6-3 所示。

表 6-3　常用的防松方法

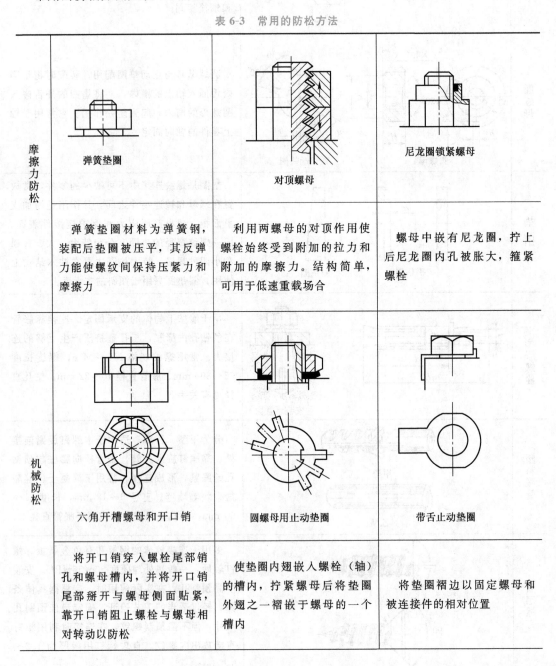

摩擦力防松	弹簧垫圈	对顶螺母	尼龙圈锁紧螺母
	弹簧垫圈材料为弹簧钢，装配后垫圈被压平，其反弹力能使螺纹间保持压紧力和摩擦力	利用两螺母的对顶作用使螺栓始终受到附加的拉力和附加的摩擦力。结构简单，可用于低速重载场合	螺母中嵌有尼龙圈，拧上后尼龙圈内孔被胀大，箍紧螺栓
机械防松	六角开槽螺母和开口销	圆螺母用止动垫圈	带舌止动垫圈
	将开口销穿入螺栓尾部销孔和螺母槽内，并将开口销尾部掰开与螺母侧面贴紧，靠开口销阻止螺栓与螺母相对转动以防松	使垫圈内翅嵌入螺栓（轴）的槽内，拧紧螺母后将垫圈外翅之一褶嵌于螺母的一个槽内	将垫圈褶边以固定螺母和被连接件的相对位置

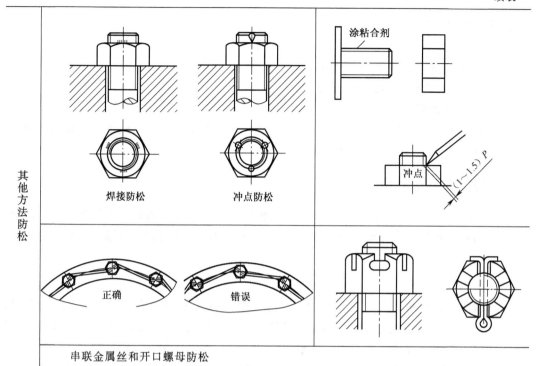

| 其他方法防松 | 焊接防松 | 冲点防松 | 涂粘合剂 冲点 $(1\sim1.5)P$ |

| 正确 错误 | |

串联金属丝和开口螺母防松

用串联金属丝使螺母与螺栓、螺母与连接件互相锁牢而防止松脱。拧紧槽形螺母后将开口销穿过螺栓尾部的小孔和螺母的槽，从而防止螺母松脱。

问题思考

1. 如何将两个部件牢固地连接在一起，在不需要连接的时候又能方便地将其拆开？

2. 在螺纹的设计和使用过程中，如何防止其自动松开？

6.4 螺旋传动

6.4.1 螺旋传动概述

利用螺杆和螺母组成的螺旋副实现的传动称为**螺旋传动**。主要用于将转动运动变为沿轴线直线移动，以传递运动和动力。

1. 螺旋传动形式

（1）螺杆只是转动不移动，螺母只是移动不转动，有机架。如车床的丝杠。

（2）螺母只是转动不移动，螺杆只是移动不转动，有机架。

（3）螺杆既转动又移动，螺母固定为机架。这种形式应用较多，如螺钉连接。

（4）螺母既转动又移动，螺杆固定为机架。这种形式应用较少。

2. 螺旋传动运动计算

在螺旋传动中有

$$v = ns$$

式中　　v——轴向移动的速度（mm/min）;

　　　　n——转动运动的速度（r/min）;

　　　　s——螺纹的导程（mm）。

由上式可知，螺纹每旋转一圈，其移动只是一个导程距离，减速比很大。因此这种机构常用于减速或增力。

6.4.2　螺旋传动的类型

螺旋传动是应用较广泛的一种传动，有多种应用形式，常见的有普通螺旋传动、相对位移螺旋传动和差动位移螺旋传动等。根据用途又可分为调整螺旋、传力螺旋、传导螺旋和测量螺旋。

1. 调整螺旋

调整螺旋是利用螺杆（或螺母）的转动得到轴向移动来调整或固定零件之间的相对位置。图 6-18 所示为台式虎钳的应用示例。螺杆 1 装在活动钳口 2 上，在活动钳口里能做回转运动，但不能相对移动；螺母 4 与固定钳口 3 固定，不能做相对运动，螺杆 1 与螺母 4 旋合。当操纵手柄转动螺杆 1 时，螺杆 1 就相对螺母 4 既做旋转运动又做轴向移动，从而带动活动钳口 2 相对固定钳口 3 做合拢或张开动作，以实现对工件的夹紧和松开。

2. 传力螺旋

传力螺旋是螺杆（或螺母）用较小的力矩转动，使其产生较大的轴向力。传力螺旋以传递动力为主，用来做起重和加压工作。如图 6-19 所示的螺旋千斤顶。其特点是转速低、传递轴向力大、具有自锁性。

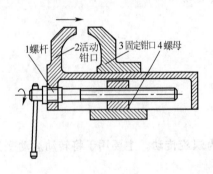

图 6-18　台式虎钳

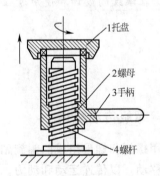

图 6-19　螺旋千斤顶

3. 传导螺旋

传导螺旋是螺杆（或螺母）转动得到一定精度要求的轴向直线移动。传导螺旋以传递运动为主，具有较高的传动精度。如图 6-20 所示的车床进给螺旋。其特点是速度高、连续工作、运动精度高。

4. 测量螺旋

测量螺旋是利用螺旋机构中螺杆的精确、连续的位移变化，做精密测量。如千分尺中的微调机构、应力试验机上的观察镜螺旋调整位置（见图6-21）。

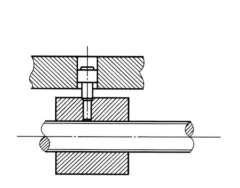

图 6-20　车床进给螺旋

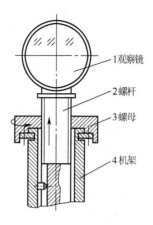

1观察镜

2螺杆

3螺母

4机架

图 6-21　观察镜螺旋

6.4.3　螺旋传动的特点

（1）螺旋传动的优点：结构简单、加工容易、传动平稳、工作可靠、传递动力大。

（2）螺旋传动的缺点：摩擦功耗大，传递效率低（一般只有 30％～40％）；磨损比较严重，易脱扣，寿命短；螺旋副中间隙较大，低速时有爬行（滑移）现象，传动精度不高。

习　题

1. 判断题

（1）键连接的主要用途是使轴与轮毂之间有确定的相对位置。　　　　　（　　）

（2）平键中，导向键连接适用于轮毂滑移距离不大的场合，滑键连接适用于轮毂滑移距离较大的场合。　　　　　　　　　　　　　　　　　　　　　　　　（　　）

（3）由于花键连接较平键连接的承载能力高，因此花键连接主要用于载荷较大的场合。　　　　　　　　　　　　　　　　　　　　　　　　　　　　　　　（　　）

（4）销的功用是作轴上零件的轴向和周向固定。　　　　　　　　　　　（　　）

（5）外螺纹大经指最大直径、内螺纹大径指最小直径　　　　　　　　　（　　）

（6）螺旋传动就是利用螺旋副固定各个零件之间的相互位置，形成可拆静连接。（　　）

（7）螺纹的头数越多、螺纹的自锁性能就越好。　　　　　　　　　　　（　　）

（8）三角形螺纹、单头螺纹多用于连接。　　　　　　　　　　　　　　（　　）

（9）受拉螺栓连接是靠静摩擦力来连接的。　　　　　　　　　　　　　（　　）

（10）弹簧垫圈是为了增大支承面积，减小挤压应力。　　　　　　　　（　　）

2. 选择题

(1) 键是连接件，用以连接轴与齿轮等轮毂，并传递扭矩。其中_____应用最为广泛。

　　A. 普通平键　　　　　B. 半圆键　　　　　C. 花键

(2) 平键的工作表面是_____。

　　A. 上面　　　　　　　B. 上、下两面　　　C. 两侧面

(3) 回转零件在轴上能作轴向移动时，可用_____。

　　A. 普通平键连接　　　B. 紧键连接　　　　C. 导向键连接

(4) 用于连接的螺纹数一般是_____。

　　A. 单线　　　　　　　B. 双线　　　　　　C. 四线

(5) 受拉螺栓连接的特点是_____。

　　A. 螺栓与螺栓孔直径相等

　　B. 与螺栓相配的螺母必须拧紧

　　C. 螺栓可有定位作用

(6) 螺旋传动的特点是_____。

　　A. 结构复杂　　　　　B. 承载大　　　　　C. 效率高

(7) 螺纹的公称直径是_____。

　　A. 大径　　　　　　　B. 小径　　　　　　C. 中径

(8) 相邻两螺纹牙对应点的轴向距离是指_____。

　　A. 螺距　　　　　　　B. 导程　　　　　　C. 小径

(9) 同一条螺旋线上相邻两螺纹牙对应点的轴向距离是指_____。

　　A. 螺距　　　　　　　B. 导程　　　　　　C. 中径

(10) 在螺纹轴面内螺纹牙型两侧边的夹角是_____。

　　A. 牙型角　　　　　　B. 牙侧角　　　　　C. 螺纹升角

第7章 齿轮传动

1. 理解渐开线齿廓啮合基本定律及渐开线齿轮正确啮合条件。
2. 掌握渐开线标准直齿圆柱齿轮主要尺寸计算。
3. 了解齿轮的加工原理,掌握根切现象和最少齿数。

1. 渐开线齿廓啮合基本定律及正确啮合条件。
2. 渐开线标准直齿圆柱齿轮的主要参数及几何尺寸。
3. 齿轮的加工原理,根切现象和最少齿数。
4. 变位齿轮传动的类型及特点。
5. 齿轮失效形式和预防措施。
6. 齿轮的常用材料及热处理方法。

下图为汽车变速箱中各轴上齿轮的安装情况:

变速箱各轴齿轮位置模型　　　　　小型汽车变速箱齿轮结构

7.1 齿轮传动概述

7.1.1 齿轮传动类型及特点

1. 齿轮传动的类型和应用

齿轮传动是现代机械设备中应用最广泛的一种机械传动,它可以传递空间任意两轴间的运动和动力。

齿轮传动的类型很多，按齿轮传动轴线相对位置和轮齿方向，齿轮传动可分为：

$$\text{齿轮传动}\begin{cases}\text{平行轴齿轮传动}\begin{cases}\text{直齿圆柱齿轮传动}\begin{cases}\text{外啮合传动 ［图 7-1 (a)］}\\\text{内啮合传动 ［图 7-1 (b)］}\\\text{齿轮-齿条传动 ［图 7-1 (c)］}\end{cases}\\\text{斜齿圆柱齿轮传动}\begin{cases}\text{外啮合传动 ［图 7-1 (d)］}\\\text{内啮合传动}\\\text{齿轮-齿条传动}\end{cases}\\\text{人字齿圆柱齿轮传动 ［图 7-1 (e)］}\end{cases}\\\text{相交轴齿轮传动}\begin{cases}\text{直齿锥齿轮传动 ［图 7-1 (f)］}\\\text{斜齿锥齿轮传动}\\\text{曲齿锥齿轮传动}\end{cases}\\\text{交错轴齿轮传动}\begin{cases}\text{交错轴斜齿圆柱齿轮传动 ［图 7-1 (g)］}\\\text{蜗杆传动 ［图 7-1 (h)］}\end{cases}\end{cases}$$

（a）直齿轮（外啮合）　　（b）直齿轮（内啮合）　　（c）齿轮—齿条　　（d）斜齿圆柱齿轮（外啮合）

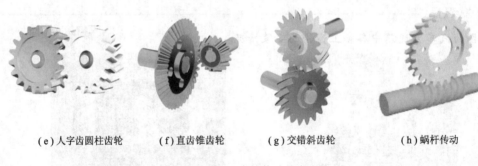

（e）人字齿圆柱齿轮　　（f）直齿锥齿轮　　（g）交错斜齿轮　　（h）蜗杆传动

图 7-1　齿轮传动的类型

按齿轮传动的工作条件可分为：闭式齿轮传动和开式齿轮传动。闭式传动中的齿轮封闭在具有足够刚度和良好润滑条件的箱体内，一般用于速度较高或重要的齿轮传动中；开式传动中的齿轮暴露在外面，润滑不好齿面容易磨损，因此，一般用于低速或不重要的齿轮传动中。

按齿轮圆周速度可分为：极低速齿轮传动，圆周速度 $v<0.5$ m/s；低速齿轮传动，圆周速度 $v=0.5$ m/s～3 m/s；中速齿轮传动，圆周速度 $v=3$ m/s～15 m/s；高速齿轮传动，圆周速度 $v>15$ m/s。

按齿轮的齿廓形状可分为：渐开线形；摆线形；圆弧形等。其中应用最广泛的是渐开线形齿轮传动，本章只介绍渐开线形齿轮传动。

2. 齿轮传动的特点

齿轮传动与其他传动形式相比具有下列优点：传动比恒定不变；适用的功率和速度范围广；结构紧凑；效率高，$\eta = 0.94 \sim 0.99$；工作可靠且寿命长。其主要缺点是：齿轮制造需要专用的设备和刀具，成本较高；精度低时传动的噪声和振动较大；不宜用于轴间距离大的传动。

 问题思考

1. 齿轮传动按两齿轮轴线的位置不同可分为哪几类？

2. 齿轮传动有哪些主要特点？

7.1.2 渐开线的形成及其特性

1. 渐开线的形成

如图 7-2 所示，当一条直线在半径为 r_b 的圆周上作纯滚动时，直线上任一点 K 的轨迹 AK 称为该圆的**渐开线**，此圆称为**基圆**（r_b 为基圆半径）。直线 NK 称为**渐开线的发生线**，θ_k 角称为渐开线 AK 段的**展角**。

2. 渐开线的特性

由渐开线的形成过程可知，渐开线有以下一些特性：

（1）发生线在基圆上滚过的长度 KN，等于基圆上相应的弧长 $\overparen{AN}$，即 $\overline{KN} = \overparen{AN}$。

（2）发生线沿基圆作纯滚动时，渐开线上任一点 K 的法线必与基圆相切。其切点 N 即为 K 点的曲率中心，线段 NK 为 K 点的曲率半径。K 点离基圆越近，其曲率半径越小；当 K 点与基圆上一点 A 重合，其曲率半径为零。

（3）为便于分析受力特性，定义齿廓任意点 K 处所受载荷 F_n（忽略摩擦即为法向载荷）与线速度 v_k 所夹之锐角为压力角 α_k。由图 7-2 可知，$\cos \alpha_k = r_b/r_k$，即压力角 α_k 随半径 r_k 的增大而增大。基圆压力角 $\alpha_b = 0$。

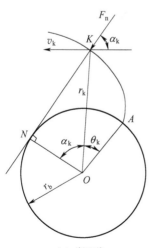

（a）渐开线

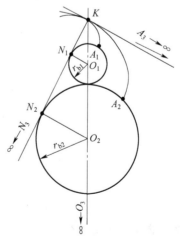

（b）渐开线形状与基圆大小的关系

图 7-2　渐开线的形成及其特性

（4）如图 7-2（b）所示，渐开线形状取决于基圆的大小，基圆越小，渐开线越弯曲；基圆越大，渐开线越平直；基圆为无穷大时，渐开线成为一条直线，齿条的齿廓就是这样一条特殊的渐开线（直线）。

（5）基圆以内无渐开线。

7.1.3　齿廓啮合基本定律

1. 传动比恒定的意义

齿轮传动的最基本要求之一是瞬时传动比恒定不变为常数。主动齿轮以等角速度回转时，如果从动齿轮的角速度为变量，将产生惯性力。这种惯性力会引起机器的振动和噪声，影响工作精度，还会影响齿轮的寿命。

2. 齿廓啮合基本定律

为保证瞬时传动比恒定不变，即：$i_{12} = \omega_1/\omega_2 =$ 常数（ω_1、ω_2 分别是两齿轮 1、2 的瞬时角速度），两齿轮的齿廓曲线应满足：不论两齿廓曲线在任何位置相切接触，过接触点所作的两齿廓曲线的公法线 $n-n$ 与两轮的连心线 O_1O_2 交于一定点 P（图 7-3）。这个定点称为两啮合齿轮的节点。以两齿轮的转动中心 O_1、O_2 为圆心，过节点 P 所作的两个相切的圆称为该对齿轮的**节圆**。以 r_1'、r_2' 分别表示两节圆半径。可以证明：$i_{12} = \omega_1/\omega_2 = O_1P/O_2P = r_1'/r_2'$。由于 O_1P 与 O_2P 两线段为定长，所以传动比 $i_{12} =$ 常数。两齿轮啮合传动可视为两轮的节圆在作纯滚动。两个齿轮啮合时才会产生节点、节圆，单个齿轮没有这些概念。

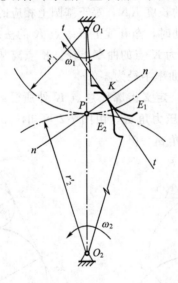

图 7-3　齿廓啮合基本定律

🐢 问题思考

1. 何谓齿廓啮合基本定律？

2. 渐开线具有哪些特性？

渐开线直齿圆柱齿轮形状是：完全相同的轮齿均匀分布在圆柱体的圆周上，每个轮齿的两侧齿廓曲线是渐开线。两侧齿廓是在同一基圆上生成的两条相反方向的渐开线中的一段曲线。

7.2.1 齿轮各部分的名称及代号

1. 齿顶圆

轮齿齿顶所在的圆称为**齿顶圆**。齿顶圆直径为 d_a，半径为 r_a，齿顶圆上的压力角为 α_a，齿顶圆上的轮齿尺寸都带有下标"a"。

2. 齿根圆

轮齿齿槽底部所在的圆称为**齿根圆**。齿根圆直径为 d_f，半径为 r_f，齿根圆上的压力角为 α_f，齿根圆上的轮齿尺寸都带有下标"f"。

3. 任意圆

介于齿顶圆与齿根圆之间的任意一个圆称为**任意圆**。任意圆直径为 d_k，半径为 r_k，任意圆上的压力角为 α_k，任意圆上的轮齿尺寸都带有下标"k"。

4. 基圆

轮齿齿廓渐开线曲线的生成圆称为**基圆**。基圆直径为 d_b，半径为 r_b，基圆上的压力角为 $\alpha_b = 0°$，基圆上的轮齿尺寸都带有下标"b"。

5. 分度圆

为便于齿轮的设计、制造、测量和安装，规定某一个圆为齿轮的基准圆，称为齿轮的**分度圆**。分度圆直径为 d，半径为 r，分度圆压力角为 α，分度圆上的轮齿尺寸都不带下标。齿轮的上述各圆都是以齿轮的转动中心为圆心的同心圆。

6. 齿距

在任意圆周上相邻两齿同侧齿廓对应两点之间的弧长称为**齿距**，用 p_K 表示。

7. 齿厚

在任意圆周上的齿距 p_K 中，轮齿两侧齿廓的弧长称为**齿厚**，用 s_K 表示。

8. 齿槽宽

在任意圆周上的齿距 p_K 中，齿槽两侧齿廓的弧长称为**齿槽宽**，用 e_K 表示。不同的圆上有不同的齿距、齿厚和齿槽宽。例如，齿顶圆是 p_a、s_a、e_a；齿根圆是 p_f、s_f、e_f；基圆是 p_b、s_b、e_b；分度圆是 p、s、e。

显然在齿轮的任意圆周上有：$p_K = s_K + e_K$，并且有：$z p_k = \pi d_k$。

对于分度圆也有：$p = s + e$，$z p = \pi d$。

何谓分度圆？它与节圆有何不同？

7.2.2 标准渐开线直齿圆柱齿轮的基本参数

1. 齿数 z

一个齿轮的轮齿个数称为**齿数**，用 z 表示。齿数是齿轮的基本参数之一，在齿轮设计中来选定，它将影响轮齿的几何尺寸和渐开线曲线的形状。

2. 模数 m

在分度圆上齿距 p 与 π 的比值 $m = p/\pi$ 为国家制定的标准系列值，称为齿轮的**模数**。齿轮的模数是齿轮的基本参数，用符号 m 表示，单位是 mm。由 $zp = \pi d$，$d = pz/\pi$，得：齿轮的分度圆的直径 $d = mz$，半径 $r = mz/2$。

模数由齿轮承载能力计算而得到，它反映了轮齿的大小，模数越大，轮齿的尺寸越大，齿轮相应尺寸也越大，齿轮的承载能力越高。我国规定的标准模数系列如表 7-1 所示。

表 7-1 齿轮模数系列   mm

第一系列	0.1	0.12	0.15	0.2	0.25	0.3	0.4	0.5	0.6	0.8	1	1.25	1.5	2
第二系列	0.35	0.7	0.9	1.75	2.25	2.75	(3.25)	3.5	(3.75)	4.5	5.5	(6.5)	7	9

注：优先采用第一系列，其次为第二系列，括号内的模数尽可能不用。

3. 压力角 α

渐开线中的 $r_K = r_b/\cos \alpha_K$ 说明不同的向径 r_K，对应的渐开线的压力角 α_K 也不同。向径越大，其对应的压力角也越大；基圆向径 r_b 对应的压力角 $\alpha_b = 0$；分度圆向径 r 对应的压力角为 α。规定分度圆半径 r 所对应的渐开线压力角 $\alpha = 20°$ 为标准值，称为**齿轮压力角**。用 α 表示。它也是齿轮的基本参数之一。

分度圆上有 $r = r_b/\cos \alpha$，得：齿轮基圆半径 $r_b = r\cos \alpha$，直径 $d_b = d\cos \alpha = mz\cos \alpha$。

4. 齿顶高系数 h_a^*

分度圆到齿顶圆的径向距离称为齿轮的**齿顶高**，用 h_a 表示，如图 7-4 所示。

有 $h_a = h_a^* m$，其中 h_a^* 称为**齿顶高系数**。标准规定：正常齿 $h_a^* = 1$；短齿 $h_a^* = 0.8$。h_a^* 也是齿轮的基本参数。

5. 顶隙系数 c^*

分度圆到齿根圆的径向距离称为齿轮的**齿根高**，用 h_f 表示，如图 7-4 所示。

有 $h_f = (h_a^* + c^*)m$，其中 c^* 称为**顶隙系数**。标准规定：正常齿 $c^* = 0.25$；短齿 $c^* = 0.3$。c^* 也是齿轮的基本参数。

齿根圆到齿顶圆的径向距离称为齿轮的**齿高**，用 h 表示。从图 7-4 中可看出

$$h = h_a + h_f = (2h_a^* + c^*)m.$$

由上所述：z、m、α、h_a^*、c^* 是标准渐开线齿轮尺寸计算的五个基本参数。

若齿轮的模数 m、压力角 α、齿顶高系数 h_a^*、顶隙系数 c^* 均为标准值，并且在齿轮分度圆上的齿厚与齿槽宽相等，即 $s = e$ 称为**标准齿轮**。由于 $p = s + e = \pi m$，所以 $s = e = p/2 = \pi m/2$。

若模数 m、压力角 α、齿顶高系数 h_a^*、顶隙系数 c^* 均为标准值，并且在齿轮分度圆上的齿厚与齿槽宽不相等，即 $s \neq e$，称为**变位齿轮**。

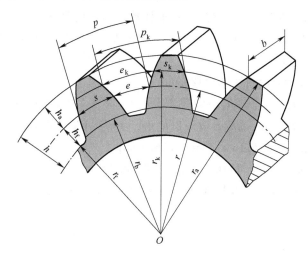

图 7-4　齿轮各部分的名称

　　1. 何谓模数？它的含义是什么？

　　2. 标准渐开线直齿圆柱齿轮的基本参数有哪些？

7.2.3　外啮合标准渐开线直齿圆柱齿轮尺寸计算

标准齿轮的齿廓形状是由齿轮的基本参数所决定的，已知这五个基本参数就可以计算出齿轮各部分的几何尺寸。为了使用方便，外啮合标准直齿圆柱齿轮各部分几何尺寸的计算如表 7-2 所示。

表 7-2　外啮合标准直齿圆柱齿轮几何尺寸计算

名称	符号	计算公式	名称	符号	计算公式
分度圆直径	d	$d = mz$	齿根圆直径	d_f	$d_f = d - 2h_f$
齿顶高	h_a	$h_a = h_a^* m$	齿距	p	$p = \pi m$
齿根高	h_f	$h_f = (h_a^* + c^*) m$	齿厚	s	$s = \pi m/2$
全齿高	h	$h = h_a + h_f$	齿槽宽	e	$e = \pi m/2$
齿顶圆直径	d_a	$d_a = d + 2h_a$			

【例 7-1】为修配损坏的标准直齿圆柱齿轮，实测齿全高为 8.98 mm，齿顶圆直径为 135.98 mm，试确定该齿轮的模数 m、分度圆直径 d、齿顶圆直径 d_a、齿根圆直径 d_f、齿距 p、齿厚 s 与齿槽宽 e。

解:

由表 7-2 可知 $\qquad h = h_a + h_f = (2h_a^* + c^*)m$

设 $h_a^* = 1$，$c^* = 0.25$

$$m = h/(2h_a^* + c^*) = 8.98/(2 \times 1 + 0.25) = 3.991 \text{ mm}$$

根据计算出的 m，查表 7-1 取接近的标准模数，查表后取 $m = 4$。

$$z = (d_a - 2h_a^* m)/m = (135.98 - 2 \times 1 \times 4)/4 = 31.995$$

齿数应为 $\qquad z = 32$

分度圆直径 $\qquad d = mz = 4 \times 32 = 128 \text{ mm}$

齿顶圆直径 $\qquad d_a = d + 2h_a = d + 2h_a^* m = 128 + 2 \times 1 \times 4 = 136 \text{ mm}$

齿根圆直径 $\qquad d_f = d - 2h_f = d - 2(h_a^* + c^*)m = 128 - 2 \times (1 + 0.25) \times 4 = 118 \text{ mm}$

齿距 $\qquad p = \pi m = 3.1416 \times 4 = 12.5664 \text{ mm}$

齿厚 $\qquad s = \pi m/2 = (3.1416 \times 4)/2 = 6.2832 \text{ mm}$

齿槽宽 $\qquad e = \pi m/2 = (3.1416 \times 4)/2 = 6.2832 \text{ mm}$

 问题思考

1. 什么叫标准齿轮？

2. 标准齿轮有哪些特点？

7.3 一对渐开线齿轮的啮合

一对齿轮在啮合过程中，必须能保证瞬时传动比恒定不变、保证能够相互啮合、保持连续啮合传动和具有正确的安装中心距。

7.3.1 渐开线齿廓啮合传动的特性

1. 渐开线齿廓的恒传动比性

可以证明用渐开线作为齿廓曲线，满足啮合基本定理，保证传动比恒定。

如图 7-5 所示，两齿轮连心线为 O_1O_2，基圆半径分别为 r_{b1}、r_{b2}。两轮的渐开线齿廓 G_1、G_2 在任意点 K 相切啮合，根据渐开线特性(2)，齿廓啮合点 K 的公法线 n—n 必同时与两基圆相切，切点为 N_1、N_2，即 N_1N_2 为两基圆的一侧内公切线，它就是过相切啮合点 K 的公法线。

由于两轮的基圆为定圆，其在同一方向只有一条内公切线。因此，两齿廓在任意点 K 啮合，其公法线 N_1N_2 必为定直线，它与连心线 O_1O_2 定直线交点必为定点，则两齿轮的传动比为常数，即

$$i_{12} = \frac{\omega_1}{\omega_2} = \frac{O_2C}{O_1C} = \frac{r_2'}{r_1'} = 常数$$

渐开线齿廓啮合传动的这一特性称为**恒传动比性**。这一特性在工程实际中具有重要意义，可减少因传动比变化而引起的动载荷、振动和噪声，提高传动精度和齿轮使用寿命。

2. 渐开线齿廓的可分性

在图 7-5 中，$\triangle O_1 N_1 C \approx \triangle O_2 N_2 C$，因此两轮的传动比又可写成

$$i_{12} = \frac{\omega_1}{\omega_2} = \frac{O_2 C}{O_1 C} = \frac{r'_2}{r'_1} = \frac{r_{b2}}{r_{b1}}$$

由此可知，渐开线齿轮的传动比又与两轮基圆半径成反比。渐开线加工完毕之后，其基圆的大小是不变的，所以当两轮的实际中心距与设计中心距不一致时，两齿轮的节圆半径 r'_1、r'_2 产生变化，而两轮的传动比却保持不变，这一特性称为**传动的可分性**。这一特性对齿轮的加工和装配是十分重要的。

3. 渐开线齿廓的平稳性

由于一对渐开线齿轮的齿廓在任意啮合点处的公法线都是同一直线 N_1N_2，因此，两齿廓上所有啮合点均在 N_1N_2 上，或者说两齿廓都在 N_1N_2 上啮合。因此，线段 N_1N_2 是两齿廓啮合点的轨迹，故 N_1N_2 线又称作**啮合线**，N_1N_2 称为**理论啮合线长度**，如图 7-6 所示。

在齿轮传动中，啮合齿廓间的正压力方向是啮合点公法线方向，故在齿轮传动过程中，两啮合齿廓间的正压力方向始终不变。这一特性称为**渐开线齿轮传动的受力平稳性**。该特性对延长渐开线齿轮使用寿命有利。

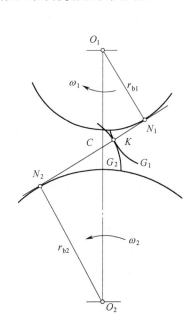

图 7-5　渐开线满足啮合基本定律

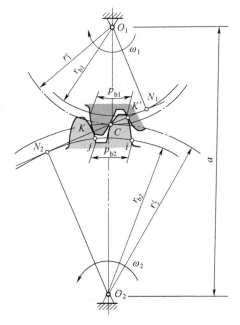

图 7-6　渐开线齿轮啮合

以渐开线为齿廓曲线的啮合齿轮，其啮合点的公法线、两齿轮基圆一侧的内公切线、两齿轮的啮合线和啮合齿廓间的正压力方向线，这四线合一的特性正是机械工程中广泛应用渐开线齿轮的重要原因。

7.3.2　一对渐开线齿轮正确啮合的条件

在渐开线中已知一对渐开线齿廓是满足啮合的基本定律并能保证定传动比传动的。但这并不意味任意两个渐开线齿轮都能相互啮合正确传动。例如：一个齿轮的齿距很小，而另一

个齿轮的齿距很大，显然，这两个齿轮是无法啮合传动的。那么，一对渐开线齿轮要正确啮合传动，应该具备什么条件呢？

两个渐开线齿廓齿轮能够正确啮合必须满足：两轮的模数和压力角必须分别相等。

即
$$m_1 = m_2 = m$$
$$\alpha_1 = \alpha_2 = \alpha$$

7.3.3　齿轮传动的中心距

两齿轮分度圆半径之和称为**标准中心距**，用 a 表示，如图 7-6 所示。两个标准齿轮按照标准中心距进行安装。其啮合满足无齿侧间隙啮合的条件，传动效果最好，所以标准齿轮的中心距是

$$a = r_1 + r_2 = m(z_1 + z_2)/2$$

7.3.4　齿轮传动的传动比

根据渐开线齿廓啮合传动的特性以及齿轮的正确啮合条件可以得到：

$$i_{12} = \omega_1/\omega_2 = OC_2/OC_1 = r_2'/r_1' = r_{b2}/r_{b1} = z_2/z_1$$

即：两齿轮的角速度（转速）与两齿轮齿数成反比。

齿轮传动的传动比不宜过大，一般直齿圆柱齿轮传动的传动比 $i_{12} = 2 \sim 6$。

7.3.5　齿轮连续传动的条件

一对满足正确啮合条件的齿轮，其啮合过程如图 7-7 所示。在两轮轮齿开始进入啮合时，主动轮 1 的齿根推动从动轮 2 的齿顶，起始啮合点是从动轮的齿顶圆与公法线 N_1N_2 的交点 B_2；随着啮合传动的进行，轮齿啮合点沿啮合线 N_1N_2 移动，主动轮轮齿上的啮合点逐渐向齿顶部分移动，而从动轮轮齿上的啮合点则逐渐向齿根部分移动。当啮合进行到主动轮的齿顶圆与公法线 N_1N_2 的交点 B_1 时，两轮齿将脱离啮合，故 B_1 点为轮齿脱离啮合点。

由上述齿轮啮合的过程可以看出，一对齿轮的啮合只能推动从动轮转过一定的角度，而要使齿轮连续地进行转动，就必须在前一对轮齿尚未脱离啮合时，后一对轮齿能及时地进入啮合。即要求实际的啮合线段 B_1B_2 大于或等于齿轮基圆的齿距 P_b。即：$B_1B_2 \geqslant P_b$。

【例 7-2】已知一对外啮合标准直齿圆柱齿轮传动，标准中心距为 160 mm，小齿轮 $z_1 = 30$，模数 $m = 4$ mm，压力角 $\alpha = 20°$，大齿轮丢失。试求大齿轮的齿数、分度圆的直径、齿顶圆的直径、齿根圆的直径和基圆直径。

解：

已知中心距 $a = 160$ mm，由 $a = m(z_1 + z_2)/2$，求得齿数 $z_2 = 50$

分度圆直径　　$d_2 = mz_2 = 4 \times 50 = 200$ mm

齿顶圆直径　　$d_{a2} = d_2 + 2h_a = 200 + 2 \times 1 \times 4 = 208$ mm

齿根圆直径　　$d_{f2} = d_2 - 2h_f = 200 - 2 \times 4 \times (1 + 0.25) = 190$ mm

基圆直径　　　$d_{b2} = d_2 \cos\alpha = 200 \times \cos 20° = 187.93$ mm

机构、零件与传动

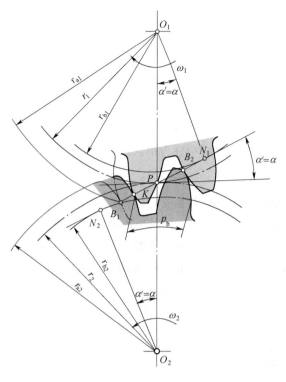

图 7-7　齿轮连续传动的条件

问题思考

1. 何谓啮合线？何谓啮合角？
2. 何谓渐开线齿轮的可分性？
3. 渐开线直齿圆柱齿轮的正确啮合条件是什么？

相关链接

某齿轮厂滚齿机床正在加工汽车变速箱中的齿轮。

7.4　渐开线齿轮的加工与根切现象

7.4.1　渐开线齿轮的加工方法

渐开线齿轮的加工方法很多，有铸造法、热轧法、冲压法、模锻法和切齿法等。其中最常用的是切削方法，就其原理可以概括分为仿形法和范成法两大类。

1. 仿形法（成形法）

仿形就是刀具的轴剖面刀刃形状和被切齿槽的形状相同。其刀具有盘状铣刀和指状铣刀等，如图 7-8 所示。切削时，铣刀转动，同时毛坯沿它的轴线方向移动一个行程，这样就切出一个齿槽，也就是切出相邻两齿的各一侧齿槽；然后毛坯退回原来的位置，并用分度盘将毛坯转过 $360°/z$，再继续切削第二个齿槽。依次进行即可切削出所有轮齿。

在图 7-6（b）中，指状铣刀切削加工齿轮。其加工方法与盘状铣刀加工基本相同。不过指状铣刀常用于加工模数较大（$m>20$ mm）的齿轮，并可用于切制人字齿轮。

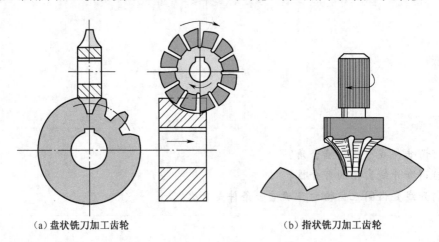

（a）盘状铣刀加工齿轮　　　　　　　（b）指状铣刀加工齿轮

图 7-8　仿形法加工齿轮

由于轮齿渐开线的形状取决于基圆大小，而基圆半径的大小取决于齿轮的模数 m、齿数 z 以及压力角 α，在 m 及 α 一定时，渐开线齿廓的形状将随齿轮齿数而变化。在加工 m 与 α 相同、而 z 不同的齿轮时，想切出完全准确的齿廓，则每一种齿数的齿轮就需要一把铣刀。显然，这在实际上是做不到的。所以，在工程上加工同样 m 与 α 的齿轮时，根据齿数不同，一般备有 8 把或 15 把一套的铣刀，来满足加工不同齿数齿轮的需要，如表 7-3 所示。

表 7-3　刀号及其加工的齿数范围

刀　　号	1	2	3	4	5	6	7	8
加工齿数范围	12～13	14～16	17～20	21～25	26～34	35～54	55～134	135 以上

每一号铣刀的齿形与其对应齿数范围中最少齿数的轮齿齿形相同。因此，用该号铣刀切削同组其他齿数的齿轮时，其齿形均有误差。

仿形法的特点是不需要专用机床，普通铣床即可加工。但生产率低、精度低，故仅适用于修配或小批量生产，或精度要求不高的齿轮。

2. 范成法

范成法是加工齿轮中最常用的一种方法。它是利用一对齿轮互相啮合传动时，两轮的齿廓互为包络线的原理来加工的。加工齿轮的机床给刀具齿轮（或刀具齿条）和未加工的毛坯齿轮提供一种运动，这种运动相当于刀具齿轮和毛坯齿轮相互啮合的运动，即满足：$i = \omega_c / \omega = z / z_c$。$\omega_c$、$z_c$ 分别是刀具齿轮的角速度和齿数；ω、z 是毛坯齿轮的角速度和齿数。这个运动称为齿轮加工的范成运动。在范成运动中，齿轮刀具刀刃曲线族的包络线就形成毛坯齿轮的渐开线齿廓曲线。常用范成法加工齿轮的刀具有齿轮插刀、齿条插刀和齿轮滚刀。

（1）齿轮插刀加工齿轮　图 7-9（a）所示为齿轮插刀加工齿轮，齿轮插刀的外形就像一个具有刀刃的外齿轮，当我们用一把齿数为 $z_c = 20$ 的齿轮插刀去加工一个模数 m，压力角 α 与该插刀相同，而齿数为 z 的齿轮时，将插刀和轮坯装在专用的插齿机床上，通过机床的传动系统使插刀与轮坯按恒定的传动比 $i = \omega_c / \omega = z / z_c$ 回转，并使插刀沿轮坯的齿宽方向作往复切削运动。这样，刀具的渐开线齿廓就在轮坯上包络出渐开线齿廓图 7-9（b）。当加工的毛坯齿轮的齿数变化时，只要调整机床的运动改变 ω_c 和 ω，仍然满足 $i = \omega_c / \omega = z / z_c$ 即可加工相应齿数的齿轮。所以一种模数只需一把齿轮插刀就可加工不同齿数的齿轮。

在齿轮插刀加工齿轮时，刀具与轮坯之间的相对运动主要有：

① 范成运动：齿轮插刀与毛坯齿轮以恒定的传动比 $i = \omega_c / \omega = z / z_c$ 作啮合运动，就如同一对齿轮啮合一样。

② 切削运动：齿轮插刀沿着轮坯的齿宽方向作往复切削运动。

③ 进给运动：为了切出轮齿的高度，在切削过程中，齿轮插刀还需要向轮坯的中心移动，直至达到规定的中心距为止。

④ 让刀运动：轮坯的径向退刀运动，以免损伤加工好的齿面。

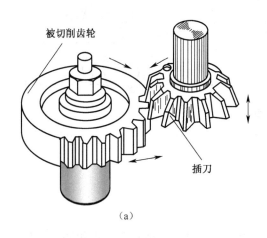
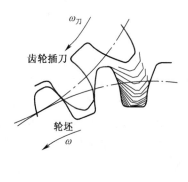

（a）　　　　　　　　　　　　　　　　　（b）

图 7-9　用齿轮插刀切制齿轮

（2）齿条插刀加工齿轮　图 7-10 所示为齿条插刀加工齿轮，齿条插刀加工齿轮的原理与用齿轮插刀加工相同，范成运动变为齿条与齿轮的啮合运动。同时插刀沿轮坯轴线作上下的切削运动。这样，刀具齿轮的渐开线齿廓就在毛坯齿轮上包络出渐开线齿廓。由加工过程可以看出，以上两种方法其切削都不是连续的，这样就影响了生产率的提高，因此，在生产中更广泛地采用齿轮滚刀来加工齿轮。

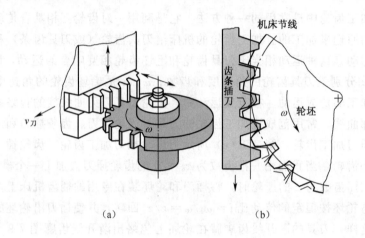

（a）　　　　　　　　　　（b）

图 7-10　齿条插刀切制齿轮

（3）齿轮滚刀加工齿轮　图 7-9b 所示为加工齿轮的滚刀，其形状像一个开有刀刃的螺旋且在其轴剖面（即轮坯端面）内的形状相当于一齿条。滚刀转动时，相当于一个无穷长的齿条插刀作轴向移动，滚刀转一周，齿条移动一个导程的距离。滚刀的转动运动代替了齿条插刀的范成运动和切削运动。其加工原理与用齿条插刀加工时基本相同，如图 7-11（a）所示。滚刀加工齿轮的范成运动是 $i = \omega_c / \omega = z / z_c$，这里的 z_c 是滚刀的头数。滚刀回转时，还需沿轮坯轴向方向缓慢进给运动，以便切削一定的齿宽。加工直齿轮时，滚刀轴线与轮坯端面之间的夹角应等于滚刀的螺旋升角 γ，以使其螺旋的切线方向与轮坯径向相同。滚刀的回转就像齿条刀在移动，所以这种加工方法是连续的，具有很高的生产率。

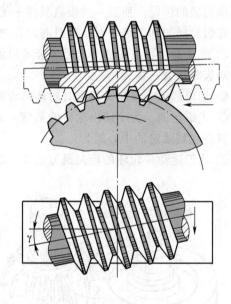

图 7-11　齿轮滚刀加工齿轮

7.4.2　齿轮加工的根切现象

齿条插刀和齿轮滚刀都属于齿条型刀具。齿条型刀具与普通齿条基本相同，仅仅是在齿顶部分高出一段 $c^* m$，以便切出齿轮的顶隙。

加工标准齿轮的条件是：刀具齿轮的分度线与轮坯齿轮的分度圆相切。这是由于刀具中线的齿厚和齿槽宽均为 $\pi m/2$，故加工出的齿轮在分度圆上 $s=e=\pi m/2$。被切齿轮的齿顶高 $h_a=h_a^* m$，齿根高 $h_f=(h_a^*+c^*)m$，这样便加工出所需的标准齿轮。

1. 根切现象

用范成法加工齿轮时，有时会发现刀具的顶部切入了轮齿的根部，而把齿根切去了一部分，破坏了渐开线齿廓，这种现象称为根切。

根切的齿轮会削弱齿根的抗弯强度、降低传动的重合度和平稳性、破坏了轮齿渐开线齿廓的形状。所以在设计制造中应力求避免根切。

2. 根切的原因

用范成法加工标准齿轮（刀具的分度线与轮坯分度圆相切），加工毛坯齿轮的齿数 $z \leqslant z_{min}$ 时，必产生根切现象。当 $\alpha=20°$，$h_a^*=1$ 时，$Z_{min}=17$。

一对齿轮传动时，若小齿轮齿数少于 17，而又要避免根切时，可采用变位齿轮。

相关链接

机床正在加工汽车变速箱中的螺旋齿轮、斜齿轮，左图为加工螺旋齿轮，右图为加工斜齿轮。

刀具齿轮以毛坯齿轮相切位置为基准，沿径向移动改变刀具齿轮与毛坯齿轮相对位置加工出来的齿轮称为**变位齿轮**。沿径向移动的距离称为**变位量**，用 xm 表示，x 称为**变位系数**。$x=0$ 是不变位的标准齿轮，如图 7-12（a）所示。如果刀具齿条远离轮坯中心向外移动，刀具齿轮的分度线与毛坯齿轮的分度圆相离，称为正变位 $x>0$，加工出的齿轮称为**正变位齿轮**，如图 7-12（b）所示；刀具齿条靠近轮坯中心向里移动，刀具齿轮的分度线与毛坯齿轮的分度圆相交，称为负变位 $x<0$，加工出来的齿轮称为**负变位齿轮**，如图 7-12（c）所示；由此可见，变位齿轮的齿廓曲线和标准齿轮的齿廓曲线是同一个基圆上展开的渐开线，只不过取用不同的部位而已，如图 7-12 所示。

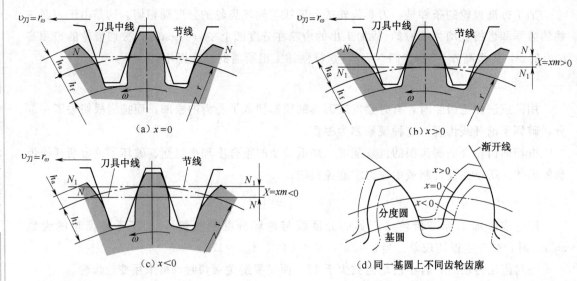

图 7-12 变位齿轮与标准齿轮的齿廓比较

1. 什么叫变位齿轮？变位齿轮有几种？

2. 变位齿轮传动有哪些类型？各有什么特点？

7.6 斜齿圆柱齿轮传动

7.6.1 斜齿圆柱齿轮的齿廓形成和传动特点

1. 斜齿圆柱齿轮齿廓的形成

渐开线直齿圆柱齿轮齿廓的形成是发生面沿基圆柱作纯滚动，发生面上与基圆轴线平行的直线 KK 所形成的轨迹，即为直齿轮齿面，它是渐开线曲面。

斜齿圆柱齿轮齿面形成的原理与直齿轮相似，所不同的是直线 KK 与轴线不平行而有一个夹角，当发生面沿基圆柱作纯滚动时，斜直线 KK 的轨迹即为斜齿圆柱齿轮齿面，它是一个渐开线螺旋面。

渐开线螺旋面与分度圆的交线是一条螺旋线，该螺旋角 (β) 称为**斜齿轮的螺旋角**。斜齿圆柱齿轮有左旋和右旋之分。在垂直齿轮轴线的端平面上，斜齿圆柱齿轮与直齿圆柱齿轮一样具有渐开线齿廓。

2. 斜齿圆柱齿轮传动特点

（1）传动更加平稳 当两直齿轮啮合时，其齿面接触线是与整个齿轮轴线平行的直线如图 7-13（a）所示。因此，直齿轮啮合时，整个齿宽同时进入和退出啮合，所以容易引起冲击、振动和噪声，从而影响传动的平稳性，不适宜于高速传动；当两斜齿轮啮合时，由于轮齿的倾斜，一端先进入啮合，另一端后进入啮合，其接触线由短变长，再由长变短

［见图 7-13（b）］，极大地降低冲击、振动和噪声，改善了传动的平稳性，相对于直齿轮而言更适合高速传动。

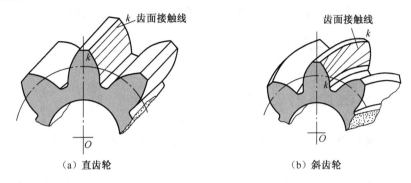

图 7-13　齿面接触线

（2）承载能力更强　斜齿圆柱齿轮相对于直齿圆柱齿轮而言，齿面上的接触线总长度比直齿圆柱齿轮的齿面接触线长，这样会降低齿面的接触应力，从而提高齿轮承载能力。

（3）产生轴向力　斜齿圆柱齿轮与直齿圆柱齿轮相比，会多出一个沿轴线方向的轴向力 F_a，这将对齿轮的支承结构产生影响。斜齿圆柱齿轮的螺旋角 β 越大，其传动特点越明显。为了不使轴向力过大，一般取：$\beta = 7° \sim 12°$。

7.6.2　斜齿圆柱齿轮的几何尺寸

1. 标准参数面

斜齿圆柱齿轮与直齿圆柱齿轮有共同之处，在端面上两者均是渐开线齿廓。但是，由于斜齿圆柱齿轮的轮齿是螺旋形的，故在垂直于轮齿螺旋线方向的法面上，齿廓曲线及齿形都与端面不同。

由于加工斜齿圆柱齿轮时，刀具齿轮沿齿向方向进刀，所以按斜齿轮法面参数选择刀具，即斜齿圆柱齿轮的标准参数面为法面。斜齿圆柱齿轮具有法面模数 m_n，它是国家规定的标准系列值；法面压力角 $\alpha_n = 20°$ 为标准值；法面齿顶高系数 $h_{an}^* = 1$ 为标准值；法面顶隙系数 $c_n^* = 0.25$ 为标准值（法面下标为 n）。而斜齿圆柱齿轮在端面是渐开线齿廓，几何尺寸又要按端面参数计算，因此它还有端面模数 m_t；端面压力角 α_t；端面齿顶高系数 h_{at}^*；端面顶隙系数 c_t^*（端面下标为 t），这些值都不是标准值。

2. 法面参数与端面参数的换算

为了便于加工和计算，必须建立斜齿圆柱齿轮法面参数与端面参数的换算关系。

$$m_n = m_t \cos\beta$$
$$\tan\alpha_n = \tan\alpha_t \cos\beta$$
$$h_{at}^* = h_{an}^* \cos\beta$$
$$c_t^* = c_n^* \cos\beta$$

3. 斜齿圆柱齿轮的几何尺寸计算

如果斜齿圆柱齿轮 m_n、α_n、h_{an}^*、c_n^* 为标准值，并且在分度圆上有 $s = e = p/2$，称为**标准斜齿圆柱齿轮**。

标准斜齿圆柱齿轮的基本参数是：m_n、α_n、h_{an}^*、c_n^*、z、β。

标准斜齿圆柱齿轮尺寸计算是将标准直齿圆柱齿轮尺寸计算的公式中 m、α、h_a^*、c^* 换成 m_t、α_t、h_{at}^*、c_t^*，再利用端面和法面参数换算关系就可得到尺寸计算公式。

7.6.3 标准斜齿圆柱齿轮啮合传动

1. 斜齿圆柱齿轮的传动比

两齿轮的角速度（或是转速）之比等于两齿轮齿数的反比。即

$$i_{12} = \omega_1 / \omega_2 = z_2 / z_1$$

齿轮传动的传动比不宜过大，一般斜齿圆柱齿轮传动的传动比 $i_{12} = 2 \sim 8$。

2. 斜齿圆柱齿轮传动正确啮合的条件

斜齿圆柱齿轮传动的正确啮合条件，除了两齿轮的模数和压力角分别相等外，它们的螺旋角必须相匹配，否则两啮合齿轮的齿向不同，不能进行啮合。因此斜齿轮传动正确啮合的条件为

$$\beta_1 = \pm \beta_2$$
$$m_{n1} = m_{n2} = m$$
$$\alpha_{n1} = \alpha_{n2} = \alpha$$

β 前的 "＋" 用于内啮合（表示旋向相同）；"－" 号用于外啮合（表示旋向相反）。

3. 斜齿圆柱齿轮传动标准中心距 a

标准斜齿圆柱齿轮啮合传动保持两个分度圆相切，其中心距为标准中心距 a。

有

$$a = (d_1 + d_2)/2 = m_n(z_1 + z_2)/2\cos\beta$$

由该式可以看出，设计斜齿轮传动时，可用改变螺旋角 β 来调整中心距的大小，以满足对中心距的要求。

问题思考

1. 斜齿圆柱齿轮传动有哪些特点？
2. 为什么规定法向模数和法向压力角为标准值？
3. 斜齿圆柱齿轮传动正确啮合的条件是什么？

7.7 直齿锥齿轮传动

7.7.1 锥齿轮概述

锥齿轮机构主要用来传递两相交轴之间的运动和动力。由于锥齿轮的轮齿分布在圆锥面上，所以齿形从大端到小端逐渐缩小。一对锥齿轮传动时，两个节圆锥作纯滚动。与圆柱齿轮相似，圆柱齿轮中的各有关 "圆柱"，在这里都变成了 "圆锥"，锥齿轮相应的有基圆锥、分度圆锥、齿顶圆锥、齿根圆锥。锥齿轮按两轮啮合的形式不同，可分别为外啮合、内啮合及平面啮合三种。锥齿轮的轮齿有直齿、斜齿及曲齿（圆弧齿）等多种形式。

由于直齿锥齿轮的设计、制造和安装均较简便，故应用最为广泛。曲齿锥齿轮由于传动平

稳、承载能力较大，故常用于高速重载的传动场合，如汽车、拖拉机中的差速器齿轮等。

锥齿轮机构两轴的交角 $\Sigma = \delta_1 + \delta_2$ 由传动要求确定，可为任意值。$\Sigma = \delta_1 + \delta_2 = 90°$ 的锥齿轮传动应用最广泛。

7.7.2 直齿锥齿轮传动的参数及几何尺寸

现在多采用等顶隙锥齿轮传动形式，即两轮顶隙从轮齿大端到小端都是相等的等顶隙直齿锥齿轮传动。直齿锥齿轮因为大端尺寸大，便于计算和测量，所以直齿锥齿轮几何尺寸和基本参数均以大端为标准。其基本参数有模数 m（符合国家标准系列值）；压力角 α；齿顶高系数 h_a^*；顶隙系数 c^*；齿数 z；分度圆锥角 δ。标准直齿锥齿轮 $\alpha = 20°$、$h_a^* = 1$、$c^* = 0.2$。标准锥齿轮的几何尺寸如图 7-14 所示。锥齿轮几何尺寸计算公式如表 7-4 所示。

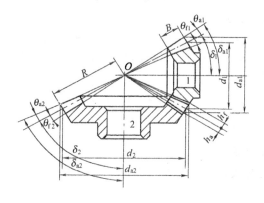

图 7-14　锥齿轮的几何尺寸

表 7-4　锥齿轮几何尺寸计算公式（$\Sigma = \delta_1 + \delta_2 = 90°$）

名　称	符　号	计算公式
分度圆直径	d	$d = mz$
分度圆锥角	δ	$\delta_2 = \arctan \dfrac{z_2}{z_1} \quad \delta_1 = 90° - \delta_2$
锥距	R	$R = \dfrac{mz}{2\sin\delta} = \dfrac{m}{2}\sqrt{z_1^2 + z_2^2}$
齿顶高	h_a	$h_a = h_a^* m$
齿根高	h_f	$h_f = (h_a^* + c^*) m$
全齿高	h	$h = h_a + h_f = (2h_a^* + c^*) m$
齿顶圆直径	d_a	$d_a = d + 2h_a\cos\delta = mz + 2h_a^* m\cos\delta$
齿顶圆锥角	δ_a	$\delta_a = \delta + \theta_a = \delta + \arctan \dfrac{h_a^* m}{R}$
齿根圆直径	d_f	$d_f = d - 2h_f\cos\delta = mz - 2(h_a^* + c^*) m\cos\delta$
齿根圆锥角	δ_f	$\delta_f = \delta - \theta_f = \delta - \arctan \dfrac{(h_a^* + c^*) m}{R}$
齿宽	b	$b \leqslant \dfrac{R}{3}$

7.7.3 直齿锥齿轮传动

1. 正确啮合条件

一对圆锥齿轮的啮合传动相当于一对当量圆柱齿轮的啮合传动，故其正确啮合的条件为：两圆锥齿轮大端的模数和压力角分别相等。

即

$$m_1 = m_2 = m$$
$$\alpha_1 = \alpha_2 = \alpha$$

2. 传动比

由图 7-14 得

$$r_1 = R\sin\delta_1 , \quad r_2 = R\sin\delta_2$$

圆锥齿轮传动的传动比为

$$i_{12} = \omega_1/\omega_2 = r_2/r_1 = z_2/z_1 = \sin\delta_2/\sin\delta_1$$

当两轴的交角 $\sum = \delta_1 + \delta_2 = 90°$ 时，有：$i_{12} = \tan\delta_2$

直齿锥齿轮传动的传动比

$$i_{12} = 3 \sim 5 。$$

 **问题思考**

1. 锥齿轮的基本参数有哪些？
2. 为什么规定锥齿轮大端的模数和压力角为标准值？

7.8 齿轮失效形式、材料及齿轮的结构

7.8.1 齿轮的失效形式

齿轮轮齿失效形式：轮齿受外载过大，齿根折断称为**轮齿折断**；齿面受压力过大使齿面小块金属局部剥落，形成麻点称为**齿面点蚀**；齿面相对滑动，产生磨损使齿廓失去正确的渐开线形状称为**齿面磨损**；重载高速致使两齿面金属直接接触而相互熔粘到一起称为**齿面胶合**；重载使齿面表层材料产生塑性变形称为**齿面塑性变形**。

7.8.2 齿轮常用材料

为了保证齿轮工作的可靠性，提高其使用寿命，齿轮的材料及其热处理应根据工作条件和材料的特点来选取。

1. 齿轮材料基本要求

对齿轮材料的基本要求是：应使齿面具有足够的硬度和耐磨性，以获得较高的抗点蚀、抗磨损、抗胶合和抗塑性变形的能力；齿芯具有足够的韧性，以获得较高的抗弯曲和抗冲击载荷的能力；同时应具有良好的加工工艺性和热处理工艺性能，以达到齿轮的各种技术要求。

2. 齿轮材料

常用的齿轮材料有优质碳素结构钢 20、45 等；合金结构钢 20Cr、40Cr、35SiMn 等；

铸钢、铸铁和非金属材料等。

一般多采用锻件或轧制钢材；当齿轮结构尺寸较大，轮坯不易锻造时，可采用铸钢；开式低速传动时，可采用灰铸铁或球墨铸铁；高速齿轮易产生齿面点蚀，宜选用齿面硬度高的材料；低速重载的齿轮易产生齿面塑性变形，轮齿也易折断，宜选用综合性能较好的钢材；受冲击载荷的齿轮，宜选用韧性好的材料；对高速、轻载而又要求低噪声的齿轮传动，也可采用非金属材料，如塑料、尼龙等。

7.8.3 齿轮的结构

齿轮结构设计时应综合考虑齿轮的几何尺寸、毛坯、材料、加工方法、使用要求及经济性等因素。通常先按齿轮的直径大小，选定合适的结构形式，然后再根据推荐用的经验数据，进行结构设计。

1. 齿轮轴

对于直径很小的钢制齿轮，应将齿轮和轴做成一体，称为**齿轮轴**，如图 7-15 所示。

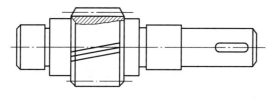

图 7-15　齿轮轴

2. 实体式齿轮

齿顶圆直径 $d_a \leqslant 200$ mm 时的钢制齿轮，一般常采用锻造毛坯的实体式结构如图 7-16 所示。

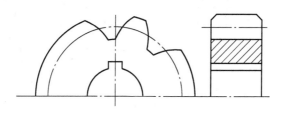

图 7-16　实体式齿轮

3. 辐板式齿轮

齿顶圆直径 $d_a \leqslant 500$ mm 时，为减轻重量和节约材料，常制成辐板式结构。辐板式齿轮一般采用锻造毛坯，其结构如图 7-17 所示。

辐板式齿轮各部分关系如图 7-17 所示。尺寸比例关系如下：

$D_1 = 1.6d$；$\delta_0 = (2.5 \sim 4)\ m_n$ 但不小于 $8 \sim 10$ mm；

$D_0 = 0.5(D_1 + D_2)$；$d_0 = 0.25(D_2 - D_1)$；

$c = (0.2 \sim 0.3)b$，且不小于 10 mm；

$l = (1.2 \sim 1.5)d$，$l \geqslant b$。

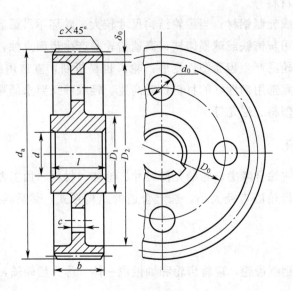

图 7-17　辐板式齿轮

4. 轮辐式齿轮

当齿顶圆直径 $d_a = 400 \sim 1000$ mm 时，因受锻造设备的限制，往往采用铸造的轮辐式结构，其结构如图 7-18 所示。

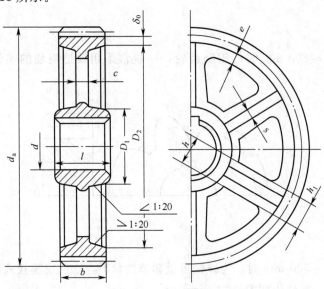

图 7-18 轮幅式齿轮

轮幅式齿轮各部分关系，如图 7-18 所示，尺寸比例关系如下：

$b \leqslant 200$ mm；$D_1 = 1.6d$（铸钢）；$D_1 = 1.8d$（铸铁）；$h = 0.8d$；$h_1 = 0.8h$；$c = h/5$；$s = h/6$ 但不能小于 10 mm；$\delta_0 = (2.5 \sim 4)\, m_n$，但不小于 $8 \sim 10$ mm；$e = 0.8\delta_0$；$l = (1.2 \sim 1.5)d$，$l > b$

 问题思考

1. 齿轮失效形式有几种？原因是什么？如何防止？
2. 如何选择齿轮的材料？

习 题

1. 填空题

(1) 在任意圆周上_____同侧齿廓对应两点之间的弧长称为齿距。

(2) 标准渐开线齿轮的五个基本参数是_____。

(3) 若齿轮的_____、_____、_____及_____均为标准值，且分度圆上的_____与_____相等，称为标准齿轮。

(4) 一对渐开线直齿圆柱齿轮传动的正确啮合条件是_____。

(5) 两齿轮标准中心距 $a=$_____。

(6) 一对渐开线直齿圆柱齿轮传动的连续性的条件_____。

(7) 用范成法加工齿轮时，齿根切去了一部分，破坏了渐开线齿廓，称为_____现象。

(8) 齿轮根切会降低齿根_____强度，破坏了轮齿_____齿廓的形状。

(9) 改变刀具齿轮与毛坯齿轮相对位置加工出的齿轮称作_____齿轮。

(8) 用齿条插刀加工正变位齿轮时，齿条中线应与齿轮毛坯分度圆_____。

(9) 用范成法加工标准直齿圆柱齿轮不发生根切的最少齿数为_____。

(10) 渐开线螺旋面与分度圆柱所产生的螺旋角称为斜齿轮的_____角。

(11) 齿轮的失效形式是：_____折断、齿面点蚀、齿面_____、齿面_____及齿面_____变形。

(12) 斜齿圆柱齿轮的分度圆直径为 $d=$_____。

(13) 斜齿圆柱齿轮传动的标准中心距 $a=$_____。

(14) 直齿锥齿轮传动的传动比 $i=$_____。

(15) 外啮合斜齿圆柱齿轮传动正确啮合条件是_____、_____、_____。

2. 选择题

(1) 用于两轴平行的齿轮传动有_____。

    A. 圆柱齿轮传动　　　　　　B. 锥齿轮传动　　　　C. 螺旋齿轮传动

(2) 两齿轮轴线相交用_____。

    A. 直齿锥齿轮传动　　　　　B. 斜齿圆柱齿轮　　　C. 螺旋齿轮传动

(3) 齿轮转动的优点是_____。

    A. 能保证瞬时转动比恒定不变 B. 传动效率低　　　　C. 传动噪声大

(4) 齿轮传动的缺点是_____。

    A. 传动效率高　　　　　　　B. 成本较高　　　　　C. 不宜于远距离传动

(5) 齿轮传动中，以两齿轮中心为圆心，过节点 C 所作的两个圆称为_____。

    A. 分度圆　　　　　　　　　B. 节圆　　　　　　　C. 基圆

(6) 齿轮轮齿齿顶所在的圆称为_____。

    A. 齿顶圆   B. 齿根圆   C. 基圆

(7) 标准齿轮的齿厚 s 与齿槽宽 e 的关系是_____。

    A. $s = e$ B. $s > e$ C. $s < e$

(8) 分度圆到齿顶圆的径向距离称为齿轮的_____。

    A. 齿顶高   B. 齿根高   C. 齿全高

(9) 正变位齿轮的齿厚 s 与齿槽宽 e 的关系是_____。

    A. $s = e$ B. $s > e$ C. $s < e$

(10) 用范成法加工正变位齿轮时，齿条中线应与齿轮毛坯分度圆_____。

    A. 相离   B. 相切   C. 相交

(11) 渐开线标准齿轮不根切的最少齿数为 $z_{min} =$ _____。

    A. 14   B. 17   C. 20

(12) 当加工齿轮的齿数 $z < z_{min}$ 时，应采用_____避免根切现象。

    A. 正变位齿轮   B. 负变位齿轮   C. 标准齿轮

(13) 用同一把齿条刀切制的相同齿数的标准齿轮和变位齿轮，其中_____不相同。

    A. 模数   B. 分度圆直径   C. 齿根高

(14) 用同一把齿条刀切制的相同齿数的标准齿轮和变位齿轮，其中_____不相同。

    A. 模数   B. 压力角   C. 分度圆齿厚

(15) 一对齿轮传动的实际中心距小于标准中心距时，可用_____传动。

    A. 正传动变位齿轮   B. 负传动变位齿轮   C. 高度变为齿轮

(16) 一对标准齿轮的实际中心距大于标准中心距时，两分度圆_____。

    A. 相切   B. 相交   C. 相离

(17) 斜齿圆柱齿轮的标准参数为_____。

    A. 法面   B. 端面   C. 轴面

(18) 斜齿圆柱齿轮传动的特点是_____。

    A. 传动更加平稳   B. 承载能力变小   C. 不产生轴向力

第8章 蜗杆传动

学习目标

1. 理解蜗杆传动的正确啮合条件。
2. 掌握蜗杆传动的基本参数及主要几何尺寸；蜗轮转动方向的判断。
3. 了解蜗杆传动的失效形式、材料和结构。

知识点

1. 蜗杆传动的正确啮合条件。
2. 蜗杆传动的基本参数及主要几何尺寸；蜗轮转动方向的判断。

相关链接

蜗杆传动是一种应用广泛的机械传动形式，具有大的传动比，机构结构紧凑等特点，广泛应用在汽车、起重机械和仪器仪表中，右图为蜗杆与蜗轮啮合的教学模型。

8.1 蜗杆传动概述

1. 蜗杆传动组成

蜗杆传动由蜗杆 1、蜗轮 2 和机架组成，如图 8-1 所示。蜗杆与蜗轮组成平面高副；蜗杆、蜗轮与机架组成转动副。蜗杆用以传递空间两交错垂直轴之间的运动和动力，通常轴间交角为 90°。一般情况下，蜗杆是主动件，蜗轮是从动件。

在圆柱蜗杆传动中，在垂直于蜗杆轴线的剖面上，齿廓曲线为阿基米德螺旋线称为**阿基米德蜗杆**，它是最常用的蜗杆传动。这里只介绍阿基米德蜗杆。

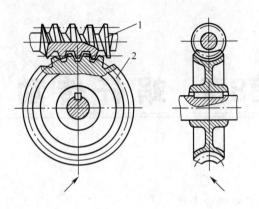

图 8-1　蜗杆传动

2. 蜗杆传动的特点

蜗杆传动与齿轮传动相比，具有以下优点：

（1）传动比大。一般动力机构中 $i=8\sim80$；在分度机构中可达 $600\sim1000$。

（2）蜗杆零件数目少，结构紧凑。

（3）蜗杆传动类似于螺旋传动，传动平稳，噪声小。

（4）一般具有自锁性。即只能由蜗杆带动蜗轮，不能由蜗轮带动蜗杆，故可用在升降机构中，起安全保护作用。

蜗杆传动的缺点：

（1）传动效率低。蜗杆传动由于齿面间相对滑动速度大，齿面摩擦严重，故在制造精度和传动比相同的条件下，蜗杆传动的效率比齿轮传动低，一般只有 $0.7\sim0.8$。具有自锁功能的蜗杆机构，效率则一般不大于 0.5。

（2）制造成本高。为了降低摩擦，减小磨损，提高齿面抗胶合能力，蜗轮齿圈常用贵重的青铜制造，成本较高。蜗杆传动时，要求有良好的润滑和散热。

蜗杆传动适用于传动比大，而传递功率不大（一般小于 $50\ \text{kW}$），且做间歇运转。因此，广泛应用在汽车、起重运输机械和仪器仪表中。

8.2　蜗杆传动的正确啮合条件和尺寸计算

1. 蜗杆传动正确啮合条件

蜗杆的外形像螺纹，蝇杆头数为 z_1、蜗杆分度圆直径为 d_1、分度圆柱面上的螺旋线的导程角为 γ（相当与螺纹升角 λ）。在中间平面内（通过蜗杆轴线并与蜗轮轴线垂直的平面），蜗杆就是直线齿廓的齿条，蜗杆的轴面模数 m_a 为标准系列值（见表 8-1），轴面压力角 $\alpha_\mathrm{a}=20°$，蜗杆的轴向齿距（相当于螺纹的螺距）$p_\mathrm{a}=\pi m_\mathrm{a}$。

蜗轮的外形与斜齿轮相似，齿顶圆柱内凹以便与蜗杆相啮合，如图 8-2 所示。蜗轮齿数为 z_2，蜗轮分度圆直径为 d_2，分度圆柱面上的螺旋角为 β，在中间平面内的齿廓就是渐开线形状的齿轮，蜗轮的端面模数 m_t 为标准系列值（见表 8-1），端面压力角 $\alpha_\mathrm{t}=20°$。

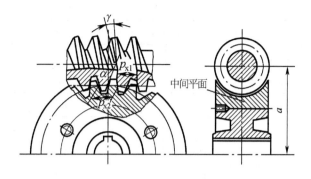

图 8-2　蜗杆传动的中间平面

在中间平面内蜗杆蜗轮啮合就相当于直线齿廓的齿条和渐开线齿廓的齿轮相啮合。蜗杆的转动相当于连续不断的齿条移动带动蜗轮转动。

圆柱蜗杆传动的正确啮合条件为：

在中间平面内，蜗杆的轴向模数 m_a 和蜗轮的端面模数 m_1 相等；蜗杆的轴面压力角 α_a 和蜗轮的端面压力角 α_t 相等；蜗杆的分度圆柱面导程角 γ 和蜗轮分度圆柱面螺旋角 β 相等，且旋向一致，即

$$\begin{cases} m_a = m_t = m \\ \alpha_a = \alpha_t = \alpha \\ \gamma = \beta \end{cases}$$

2. 蜗杆传动尺寸计算

蜗杆传动的基本参数、主要几何尺寸在中间平面内确定。

（1）蜗杆分度圆直径 d_1 和导程角 γ　蜗杆类似螺杆，如图 8-3 所示。由图可得

$$\tan \gamma = \frac{z_1 p_a}{\pi d_1} = \frac{z_1 m}{d_1}$$

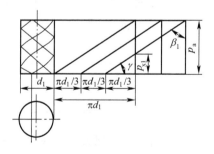

图 8-3　蜗杆的螺旋线

通常蜗杆的轮齿是用蜗轮滚刀切制，滚刀的分度圆直径与蜗杆的分度圆直径相同，即每个蜗杆直径必然对应一把加工蜗轮的滚刀。由上式可知，蜗杆分度圆直径 $d_1 = \dfrac{mz_1}{\tan \gamma}$，不仅与模数有关，而且还随 $z_1/\tan \gamma$ 的比值而改变。这样就需要无数多的刀具，为了减少滚刀的数目，便于刀具标准化，国标规定了蜗杆分度圆直径 d_1 为标准系列值。即每个标准模数下面有 4 个蜗杆的标准直径值，如表 8-1 所示。

表 8-1　普通圆柱蜗杆传动的 m 与 d_1 搭配值

m (mm)	d_1 (mm)	z_1	$m^2 d_1$ (mm²)	m (mm)	d_1 (mm)	z_1	$m^2 d_1$ (mm³)
2	18	1, 2, 4	72	5	63	1, 2, 4	1575
	22.4	1, 2, 4	96		90	1	2250
	28	1, 2, 4	112	6.3	50	1, 2, 4	1984
	35.5	1	142		63	1, 2, 4, 6	2500
2.5	20	1, 2, 4	125		80	1, 2, 4	3175
	25	1, 2, 4, 6	156		112	1	4445
	31.5	1, 2, 4	197	8	63	1, 2, 4	4032
	45	1	281		80	1, 2, 4, 6	5120
3.15	25	1, 2, 4	248		100	1, 2, 4	6400
	31.5	1, 2, 4, 6	313		140	1	8986
	40	1, 2, 4	396	10	71	1, 2, 4	7100
	56	1	556		90	1, 2, 4, 6	9000
4	31.5	1, 2, 4	504		112	1	11200
	40	1, 2, 4, 6	640		160	1	16000
	50	1, 2, 4	800	12.5	90	1, 2, 4	14062
	71	1	1136		112	1, 2, 4	17500
5	40	1, 2, 4	1000		140	1, 2, 4	21875
	50	1, 2, 4, 6	1250		200	1	31250

（2）蜗杆头数 z_1、蜗轮齿数 z_2　蜗杆头数 z_1 常取为 1，2，4，6．要求传动效率高时，取 $z_1 \geqslant 2$；当传动比较大时，取 $z_1 = 1$，如表 8-2 所示。

表 8-2　蜗杆头数和传动比的荐用值

i	29～80	15～31	8～15	5
z_1	1	2	4	6

蜗轮的齿数 $z_2 = i z_1$，z_2 过少时出现根切现象，一般取 $z_2 = 25 \sim 80$。

蜗杆传动的传动比 i 为

$$i = \frac{n_1}{n_2} = \frac{z_2}{z_1}$$

式中　n_1、n_2——蜗杆和蜗轮转速。

（3）蜗杆传动尺寸计算。

蜗杆传动的基本参数有：m、α、$(h_a^* = 1)$、$(c^* = 0.2)$、z_1、z_2、d_1。

蜗杆、蜗轮的各种尺寸计算如表 8-3 所示。

表 8-3　蜗杆传动尺寸计算

名称	符号	计算公式	
		蜗杆	蜗轮
分度圆直径	d	d_1	$d_2 = m z_2$
齿顶高	h_a	$h_a = h_a^* m$	$h_a = h_a^* m$
齿根高	h_f	$h_f = (h_a^* + c^*) m$	$h_f = (h_a^* + c^*) m$
全齿高	h	$h = h_a + h_f = (h_a^* + c^*) m$	$h = h_a + h_f = (2h_a^* + c^*) m$
齿顶圆直径	d_a	$d_{a1} = d_1 + 2h_a = d_1 + 2h_a^* m$	$d_{a2} = d_2 + 2h_a = m z_2 + 2h_a^* m$
齿根圆直径	d_f	$d_{f1} = d_1 - 2h_f = d_1 - 2(h_a^* + c^*) m$	$d_{f2} = d_2 - 2h_f = m z_2 - 2(h_a^* + c^*) m$
导程角	γ	$\tan\gamma = \dfrac{z_1 m}{d_1}$	$\gamma = \beta$（蜗轮螺旋角）
中心距	a	$a = \dfrac{1}{2}(d_1 + d_2) = \dfrac{1}{2}(d_1 + m z_2)$	

3. 蜗轮转动方向判别

判别蜗杆蜗轮的旋向也像螺旋方向和斜齿轮方向一样，用左手和右手判别。蜗杆传动时蜗轮的转动方向不仅与蜗杆转动方向有关，而且与其螺旋方向有关。蜗轮转动方向的判定方法如下：蜗杆右旋时用右手，左旋时用左手，四指指向蜗杆转动方向，蜗轮的转动方向与伸直的大拇指指向相反，如图 8-4 所示。

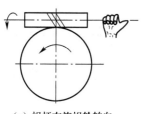

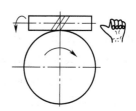

（a）蜗杆右旋蜗轮转向　　　　　　　　（b）蜗杆左旋蜗轮转向

图 8-4　蜗轮转向的判别

8.3　蜗杆传动的失效形式、材料和结构

8.3.1　蜗杆传动的失效形式

在蜗杆传动中，由于材料和结构上的原因，蜗杆螺旋部分的强度总是高于蜗轮轮齿强度，所以失效常发生在蜗轮轮齿上。蜗杆传动中，两轮齿面间的相对滑动速度 v_s（$v_s = v_1 / \cos\gamma$）较大，传动效率低，易发生胶合。闭式蜗杆传动主要失效形式是胶合和点蚀。开式蜗杆传动主要失效是齿面磨损。

8.3.2 蜗杆传动的材料选择

根据蜗杆传动的失效形式和相对滑动速度大的特点，要求蜗杆副的配对材料，不仅要有足够的强度，更重要的是具有良好的减摩性、耐磨性和抗胶合能力。因此较重要的传动常采用淬硬磨削钢制蜗杆与青铜蜗轮齿圈配对。

8.3.3 蜗杆、蜗轮的结构

1. 蜗杆的结构

蜗杆的有齿部分与轴的直径相差不大，常与轴制成一体，称为**蜗杆轴**。当轴径 $d_1 = d_{f1} - (2\sim4)$ mm 时，蜗杆铣制成图 8-5（a）所示的形状；当轴径 $d > d_{f1}$ 时，蜗杆铣制成图 8-5（b）所示的形状。

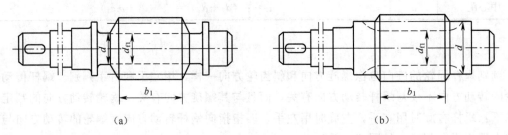

图 8-5　蜗杆结构

2. 蜗轮的结构

直径小于 100 mm 的青铜蜗轮和任意直径的铸铁蜗轮可制成整体式；直径较小时可用实体或辐板式结构，直径较大时可采用辐板加筋的结构。

（1）镶铸式　青铜轮缘镶铸在铸铁轮心上，并在轮心上预制出榫槽，以防滑动，如图 8-6（a）所示。此结构适用大批生产。

（2）齿圈压配式　青铜齿圈紧套在铸铁轮心，常采用 H7/s6 配合，为防止轮缘滑动，加台肩和螺钉固定，如图 8-6（b）所示。螺钉数 6～12 个。

（3）螺栓连接式　铰制孔螺栓连接，如图 8-6（c）所示。配合为 H7/m6。应用较多。

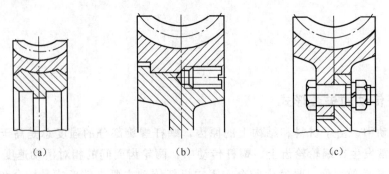

图 8-6　蜗轮的结构

 问题思考

蜗杆传动的失效形式有哪几种？与齿轮传动有何区别？为什么？

1. 填空题

（1）蜗杆传动是由_____、_____和_____组成的。

（2）蜗杆传动用于传递两轴_____之间的运动和动力。

（3）蜗杆传动两轴交错角一般为_____。

（4）在中间平面上蜗杆为_____齿廓，蜗轮为_____齿廓，蜗杆蜗轮的啮合相当于_____的啮合。

（5）蜗杆传动 z_1 表示_____，z_2 表示_____。

（6）蜗杆传动中，蜗杆_____面的模数和压力角，应等于蜗轮_____面的模数和压力角。

（7）蜗杆传动的标准中心距 a＝_____。

2. 选择题

（1）蜗杆分度圆直径 d_1 是_____。

　　A. mz_1　　　　　B. mz_2　　　　　C. 标准值

（2）蜗杆的标准模数是_____。

　　A. 端面模数　　B. 法向模数　　C. 轴向模数

（3）蜗杆传动中 z_1 应取_____。

　　A. 1～4　　　　　B. 1～6　　　　　C. 20～40

（4）蜗杆传动中，蜗杆轴面的模数和压力角，应等于蜗轮_____的模数和压力角。

　　A. 端面　　　　　B. 法面　　　　　C. 轴面

第9章 带传动与链传动

设有防护罩的 V 带传动。小带轮与　　　　啮合型带传动　　　　各种 V 带轮
电机相连，大带轮连接减速器。

9.1 带传动概述

9.1.1 带传动的组成及工作原理

带传动是应用广泛的一种机械传动。带传动装置由主动带轮 1、从动带轮 2、机架和弹性带 3 组成，如图 9-1 所示。主动带轮 1、从动带轮 2 与机架组成转动副，具有弹性的带闭合成环形，拉伸张紧套在主动轮和从动轮上。被拉伸的弹性带，由于弹性恢复力使带与带轮的接触弧产生压力。当主动带轮转动时，通过带与带轮接触弧上产生的摩擦力，使带产生运

动，再通过摩擦力带动从动带轮产生转动，以实现运动和动力的传递。

带传动分为挠性摩擦带传动和挠性啮合带传动两大类，如图 9-1 所示。

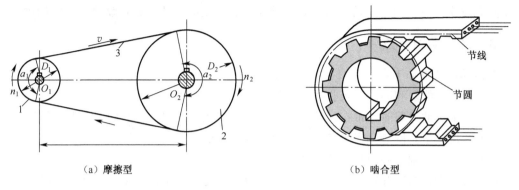

（a）摩擦型　　　　　　　　　　　　（b）啮合型

图 9-1　带传动

9.1.2　带传动的类型及应用

1. 平带传动

平带的横截面为扁平矩形，工作表面为内表面，如图 9-2（a）所示。平带有胶帆布带、编织带、锦纶复合平带。其最常用的传动形式为两带轮轴平行、转向相同的开口传动，如图 9-1（a）所示。平带柔性好，带轮易于加工，结构简单，传动效率较高，大多用于中心距较大的场合。

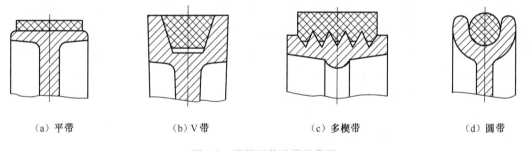

（a）平带　　　　　（b）V带　　　　　（c）多楔带　　　　　（d）圆带

图 9-2　摩擦型传动带的类型

2. V 带传动

V 带的横截面为等腰梯形，带卡入带轮的梯形槽内，两侧面为工作面，如图 9-2（b）所示。传动形式一般为开口传动。V 带分普通 V 带、窄 V 带、宽 V 带、汽车 V 带等。其中普通 V 带应用最为广泛。

在带轮尺寸相同的情况下，V 带传动的摩擦力约为平带传动的 3 倍，故能传递较大的载荷，在机床、剪切机、压力机、空气压缩机、带式输送机和水泵等机器中均采用 V 带传动。

3. 多楔带传动

多楔带是将若干根普通 V 带或窄 V 带的顶面用胶帆布等距粘结在一起，带的截面形状，如图 9-2（c）所示。传动时各根 V 带的载荷均匀，可防止振动和扭转；适用于结构要求紧凑、载荷变动大的传动机构。

4. 圆带传动

圆带的横截面为圆形，常见有皮革带，圆绳带和圆锦纶带等如图 9-2（d）所示。圆带传动能力较小，主要用于小功率传动，如缝纫机、真空吸尘器、磁带盘等传动机构中。

9.1.3 带传动的特点

带传动的特点如下：

(1) 带传动能缓和冲击，吸收振动，传动平稳，噪声小。

(2) 当带传动过载时，带在带轮上打滑，防止其他机件损坏，起到过载保护作用。

(3) 结构简单，制造、安装和维修方便，成本较低。

(4) 适用于两轴中心距较大的传动。

(5) 带与带轮之间存在弹性滑动，故不能保证恒定的传动比。传递运动不准确。

(6) 带传动效率低，$\eta = 0.92 \sim 0.94$。

(7) 由于带工作时需要张紧，带对带轮轴有很大的压轴力。

(8) 外廓尺寸较大，结构不够紧凑。带的使用寿命较短，需经常更换。

带传动适用于要求传动平稳，传动比不要求准确，中小功率的远距离传动。一般带传动所传递功率 $P \leqslant 50$ kW，带速 $v = 5 \sim 25$ m/s，传动比 $i \leqslant 6$。

9.1.4 V带和V带轮的结构和标准

1. 普通 V 带的结构

普通 V 带是标准件，为无接头的环形。V 带的横截面为等腰梯形，内部结构由包布层、强力层、拉伸层、压缩层组成如图 9-3 所示。包布层由几层胶帆布制成，是 V 带的保护层，防止内部橡胶老化。强力层由几层胶帘布或一排胶线绳制成，承受基本拉力。为了提高 V 带抗拉强度，近年来已开始使用尼龙丝绳和钢丝绳作为强力层。伸张层和压缩层主要由橡胶制成，带在带轮上弯曲变形时拉伸层承受拉伸，压缩层受压缩。

普通 V 带（楔角 $\theta = 40°$，$h/b_p \approx 0.7$）已标准化，按截面尺寸由小到大分为 Y、Z、A、B、C、D、E 共 7 种型号，其尺寸如表 9-1 所示。

标准普通 V 带都制成无接头的环形，V 带的结构如图 9-3 所示。当带绕过带轮时，外层受拉而伸长，故称**拉伸层**；底层受压缩短，故称**压缩层**；而在强力层部分必有一层既不受拉，也不受压的中性层，称为**节面**，其宽度 b_p 称为**节宽**，当带绕在带轮上弯曲时，其节宽保持不变。

在 V 带轮上，与 V 带节宽 b_p 处于同一位置的轮槽宽度，称为**基准宽度**，仍以 b_p 表示，基准宽度处的带轮直径，称为 **V 带轮的基准直径**，用 d_d 表示，它是 V 带轮的公称直径。

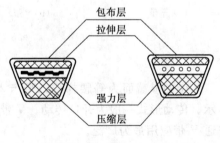

(a) 帘布芯结构　　(b) 绳芯结构

图 9-3　V 带的结构

在规定的张紧力下，位于带轮基准直径上的周线长度，称为 **V 带的基准长度**，用 L_d 表示，它是 V 带的公称长度。V 带基准长度的尺寸系列如表 9-1 所示。

普通 V 带的标记是由型号、基准长度和标准号三部分组成，如基准长度为 1800 mm 的 B 型普通 V 带，其标记为：B1800（GB/T 11544—1997）。V 带的标记及制造年月和生产厂名，通常都压印在带的顶面。

2. V 带轮的结构

普通 V 带轮一般由轮缘、轮毂及轮辐组成。V 带轮的结构形式可根据 V 带型号、带轮的基准直径 d_d 和轴孔直径，按《机械设计手册》提供的图表选取。轮缘截面上槽形的尺寸如表 9-2 所示。普通 V 带的楔形角 θ 为 $40°$，当绕过带轮弯曲时，会产生横向变形，使其楔形角变小，为使带轮轮槽工作面和 V 带两侧面接触良好，一般轮槽制成后的楔角 φ 都小于 $40°$，带轮直径越小，所制轮槽楔角也越小。

表 9-1　普通 V 带基准长度 L_d 的标准系列值

L_d/mm	200	224	250	280	315	355	400	450	500	560	630	710	800	900	1000	1120	1250	1400	1600	1800	2000	2240	2500	2800	3150	3550	4000	4500	5000	5600	6300	7100	8000	9000	10000	11200	12500	14000	16000

适用型号：Y 型、Z 型、A 型、B 型、C 型、D 型、E 型（图中标注基准长度 L_d）

表 9-2　普通 V 带和窄 V 带尺寸（GB/T 11544—1992），V 带轮轮槽尺寸（GB/T 13575.1—1992）

型号		Y	Z	A	B	C	D	E
b_p/mm		5.3	8.5	11.0	14.0	19.0	27.0	32.0
b/mm		6	10	13	17	22	32	38
h/mm		4	6	8	11	14	19	25
θ		40°						
每米带长的质量 $q/(\text{kg·m}^{-1})$		0.02	0.06	0.10	0.17	0.30	0.62	0.90
h_{fmin}/mm		4.7	7	8.7	10.8	14.3	19.9	23.4
h_{amin}/mm		1.6	2.0	2.75	3.5	4.8	8.1	9.6
e/mm		8±0.3	12±0.3	15±0.3	19±0.4	25.5±0.5	37±0.6	44.5±0.7
f_{min}/mm		6	7	9	11.5	16	23	28
b_p/mm		5.3	8.5	11.0	14.0	19.0	27.0	32.0
δ_{min}/mm		5	5.5	6	7.5	10	12	15
B/mm		$B=(z-1)e+2f$（z 为轮槽数）						
φ	32°	d_d /mm	≤60						
	34°		≤80	≤118	≤190	≤315		
	36°		>60				≤475	≤600
	38°		>80	>118	>190	>315	>475	>600

制造带轮的材料有铸铁、铸钢、铝合金和工程塑料等，其中灰铸铁应用广泛。若带轮的速度 $v \leqslant 25$ m/s 时，用 HT150 表示；$v=$（$25 \sim 30$）m/s 时，用 HT200 表示；速度更高或特别重要的场合带轮材料多用铸钢或钢的焊接件；低速或传递较小功率时，带轮材料可采用铝合金和工程塑料。

 问题思考

    1. 常用的摩擦带传动有几种类型？在相同条件下，为什么常用 V 带传动？
    2. 摩擦带传动的主要特点是什么？

9.2　带传动工作能力

9.2.1　受力分析

1. 初拉力 F_0

V 带传动是利用摩擦力来传递运动和动力的，因此在安装时带就要张紧，从而在带和带轮的接触面上产生必要的正压力。当带没有工作时，由于带的拉长产生的弹性恢复力，使带受拉力称为**初拉力 F_0**，它作用于整个带长，如图 9-4（a）所示。

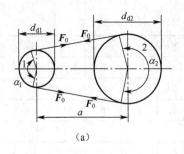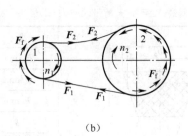

（a）   （b）

图 9-4　带传动受力图

2. 紧边与松边拉力

当主动轮以转速 n_1 旋转，由于带和带轮的接触面上的摩擦力作用，使从动轮以转速 n_2 转动。这时带两边的拉力发生变化，带进入主动轮的一边被拉的更紧，称为**紧边**，其拉力由 F_0 增加到 F_1；带进入从动轮的一边被放松，称为**松边**，其拉力由 F_0 减小到 F_2，如图 9-4（b）。在带与带轮的接触弧中，带的每一点受到拉力 F 的大小随带的位置不同而变化。当主动轮按其转动方向，接触弧的拉力由 F_1 逐渐减小到 F_2；当从动轮按其转动方向，接触弧的拉力由 F_2 逐渐增大到 F_1，有 $F_2 \leqslant F \leqslant F_1$。

3. 有效拉力 F_t

两边拉力之差 $F_t = F_1 - F_2$ 称为**带的有效拉力**。由带的受力分析得

$$\sum F_t = F_f = F_1 - F_2$$

式中　$\sum F_f$——带与带轮接触弧上产生的摩擦力合力。

取带轮的受力分析得

$$F_t = \frac{1000P}{v}$$

式中　P ——带传递的功率（kW）；

　　　v ——带的速度（m/s）。

从式中可以看出：当带速不变的时候，带传递的功率 P 越高，带的有效拉力 F_t 越大。接触弧上产生的摩擦力合力 $\sum F_t$ 越大。

9.2.2　应力分析

传动带在工作时产生三种应力。

1. 拉应力

工作时由紧边拉力 F_1 和松边拉力 F_2 引起的应力。

2. 弯曲应力

传动带弯曲时产生的应力。产生于大、小带轮的接触弧中。

3. 离心拉应力

传动带绕带轮作圆周运动时带上每一质点都不可避免地受离心力作用而产生离心拉应力。

传动带上各截面处应力是不相等的。传动带紧边绕入小带轮处应力最大，带可能被拉断失去工作能力，称为**拉断失效**。

9.2.3　带的弹性滑动及打滑

1. 带的弹性滑动

传动带在工作时，受到拉力的作用要产生弹性变形。由于紧边和松边受到的拉力不同，其所产生的弹性变形也不同。当带绕过主动轮时，在接触弧上所受的拉力由 F_1 减小至 F_2，带的拉伸程度也会逐渐减小，造成带在传动中会沿轮面向后滑动，使带的速度滞后主动轮的线速度。同样，当带绕过从动轮时，带上的拉力由 F_2 增加到 F_1，弹性伸长量逐渐增大，带沿着轮面也产生向前滑动，此时带的速度超过从动轮的线速度。这种由于带在接触弧上受到的拉力变化，使带的弹性伸长量产生变化，造成带与带轮在接触弧上产生微小的、局部的相对滑动运动，称为**弹性滑动**，如图 9-5 所示。

产生原因：带工作状态传递功率时，由于带两边的拉力大小不等，必将产生弹性滑动。弹性滑动是带在正常工作状态下，不可避免的一种现象。

造成结果：

（1）造成带的传动比 $i = n_1/n_2$ 不是恒定常数。

（2）造成传动效率不高。

（3）造成带的磨损。

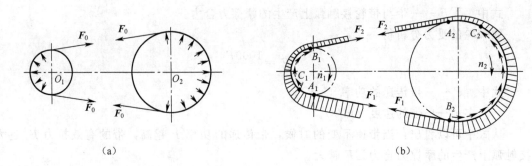

图 9-5　带传动的弹性滑动

2. 带的打滑失效

当带的有效拉力超过带的最大摩擦力时，带与带轮之间产生显著的相对滑动，这时小带轮转动，带和大带轮不再运动。带不能提供更多的摩擦力使带轮带动带产生运动，带丧失了传递转动和功率的能力，称为**打滑失效**。通过合理的设计可以避免打滑失效。

9.2.4　影响带工作能力的因素

带传动两种失效形式是打滑失效和拉断失效，带传动的工作能力就是保证它的承载能力和使用寿命。而带的承载能力和使用寿命与下列因素有关。

1. 初拉力 F_0

初拉力 F_0 越大，最大摩擦力 F_{max} 越大，有效拉力 F_t 越大，带所传递的功率 P 越大，带的承载能力越高。

如果初拉力 F_0 过大，紧边拉力 F_1 越大，紧边拉应力 σ_1 越大，最大正应力 σ_{max} 越大，带易拉断。

2. 小带轮包角 α_1

α_1 是主动轮接触弧对应圆心角，α_1 越大，最大摩擦力 F_{max} 越大，有效拉力 F_t 越大，带所传递的功率 P 越大，带的承载能力越高。

增加两带轮中心距 a，可增大小带轮包角。要求：$\alpha_1 > 120°$。

如果小带轮包角 α_1 对应小带轮上最大摩擦力 F_{max1}，大带轮包角 α_2 对应小带轮上最大摩擦力 F_{max2}，由于 $\alpha_1 < \alpha_2$，所以 $F_{max1} < F_{max2}$。这样看出打滑失效首先发生在小带轮上。

3. 带与带轮之间的当量摩擦因数 f_v

当量摩擦因数 f_v 越大，最大摩擦力 F_{max} 越大，有效拉力 F_t 越大，带所传递的功率 P 越大，带的承载能力越高。由于 $f_v = f/\sin(\varphi_0/2)$，$f_v > f$，所以 V 型带的传递功率能力大于平型带。

4. 带速 v

由 $F_t = 1000P/v$，看出带速 v 越大，带所传递的功率 P 越大，带的承载能力越高，并且可以保证有效拉力 F_t 不增加，而不发生打滑失效。

当 v 过大，离心拉力 F_c 越大，离心拉应力 σ_c 越大，最大正应力 σ_{max} 越大，带易拉断。要求：带速 $v = 5\text{m/s} \sim 25 \text{ m/s}$。

5. 小带轮直径 d_1

小带轮直径 d_1 越大，带速 v 越大，带所传递的功率 P 越大；同时小带轮紧边拉应力 σ_{b1} 越小，最大正应力 σ_{max} 越小，带的承载能力越大。由于带在接触弧上发生弯曲应力，带轮直径越小，弯曲应力越大，带的寿命也就越小。所以要对小带轮直径也加以限制。$d_1 \geqslant d_{min}$，d_{min} 是小带轮最小的直径，由带的型号来选取。

但小带轮直径 d_1 越大，大带轮直径 d_2 也会越大，带轮整体结构越庞大。

6. 带的型号

带的型号越大，带的尺寸越大，带的承载能力越大。但带轮槽的尺寸加大，带轮整体结构庞大。

7. 带的根数 z

带的根数 z 越大，带的承载能力越大，但带轮整体结构越庞大，每根带受力越不均匀，产生偏载。为防止过大的载荷不均，一般要求带的根数 $z \leqslant 10$。

8. 中心距 a 与带长度 L

两带轮中心距 a 越大，小带轮包角 α_1 也越大，对带承载越有利。同时中心距越大，带的长度 L 越长，带在传动过程弯曲次数相对减少，也有利于提高带的使用寿命。但是两带轮的中心距往往受到空间位置限制，而且中心距过大，容易引起带抖动，会使承载能力下降。为此，中心距 a 一般取 $0.7 \sim 2$ 倍的 $(d_1 + d_2)$。中心距确定后，带长度 L 可按下式计算，然后按表 9-2 选定。

$$L = 2a + \frac{\pi}{2}(d_2 + d_1) + \frac{(d_2 - d_1)^2}{4a}$$

 问题思考

1. 带的弹性滑动是怎样产生的？它与打滑有何区别？

2. 为什么说打滑一般发生在小带轮上？

9.3.1　带传动的张紧

1. 张紧的概念

带传动是摩擦传动，适当的张紧力（初拉力）可提供足够的正压力，进而产生足够的最大摩擦力，是保证带传动正常工作的重要因素。张紧力不足，传动带将在带轮上打滑，使传动带急剧磨损；张紧力过大则会使带容易疲劳拉断，寿命降低，也使轴和轴承上的作用力增大。一般规定用一定的载荷加在两带轮中点的传动带上，使它产生一定的挠度来确定张紧力是否合适。通常在两带轮相距不大时，以用拇指能在带的中部压下 15 mm 左右为宜。

带因长期受拉力作用，将会产生塑性变形而伸长，从而造成张紧力减小，传递能力降

低，致使传动带在带轮上打滑。为了保持传动带的传递能力和张紧程度，常用张紧轮和调节两带轮间的中心距进行调整。

2. 张紧的方法

（1）利用张紧轮调整张紧力。张紧轮对平带传动应安装在传动带的松边外侧并靠近小带轮处；对V带传动，为了防止V带受交变应力作用，应把张紧轮放在松边内侧，并靠近大带轮处，如图9-6（a）所示。

（2）利用调整中心距的方法来调整张紧力。图9-6（b）所示为用于水平（或接近水平）传动时的装置，利用调整螺钉来调整中心距的大小，以改变传动带的张紧程度；图9-6（c）所示为用于垂直（或接近垂直）传动时的调整装置，利用电动机自重和调整螺钉来调整中心距的大小，以改变传动带的张紧程度。

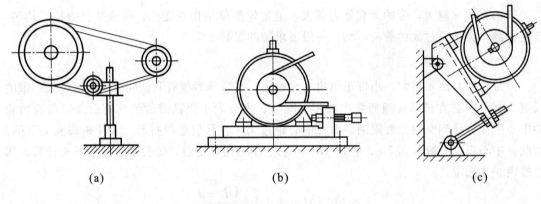

（a）　　　　　　　　　　（b）　　　　　　　　　　（c）

图9-6　带传动的张紧装置

9.3.2　带传动的安装和维护

为了延长带的使用寿命，保证传动的正常运转，必须正确地安装、使用、维护和保养。

（1）安装时，两轴线应平行，主动带轮与从动带轮的轮槽应对正。两带轮相应的V形槽的对称面应重合，误差不应过大，以防带侧面磨损加剧。

（2）安装V带时应按规定的初拉力张紧。装带时不能强行撬入，应将中心距缩小，待V带进入轮槽后再加大中心距张紧。

（3）V带在轮槽中应有正确的位置，安装在轮槽内的V带顶面应与带轮外缘相平，带与轮槽底面应有间隙。

（4）选用V带时要注意型号和长度，型号应和带轮轮槽尺寸相符合。新旧不同的V带不同时使用。如发现有的V带出现疲劳撕裂现象时，应及时更换全部V带。

（5）为确保安全，带传动应设防护罩。

（6）带不应与酸、碱、油接触，工作温度不宜超过60℃。

问题思考

1. 安装带传动时，为什么要把带张紧？

2. 常用的张紧方法有哪几种？

链传动由具有特殊齿形的主动链轮 1、从动链轮 2 和链条 3 组成,如图 9-7 所示。链条绕在主动链轮和从动链轮上,通过链条的链节与链轮轮齿的啮合来传递平行轴间的运动和动力。

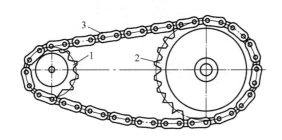

图 9-7 链传动

1. 链传动的特点

链传动具有下列特点:

(1) 能保证准确的平均传动比。

(2) 链传动的应用范围为:功率 $P \leqslant 100$ kW;链速 $v \leqslant 15$ m/s,传动比 $i \leqslant 7$,中心距 $a \leqslant 5 \sim 6$ m,效率 $\eta = 0.92 \sim 0.97$。

(3) 链传动是啮合传动,没有带传动的滑动现象。张紧力小,故对轴和轴承的压力小。

(4) 能在低速、重载和高温条件下,以及尘土、水、油等不良环境中工作。

(5) 能用一根链条同时带动几根彼此平行的轴转动。

(6) 由于链节的多边形运动,所以瞬时传动比是变化的,瞬时链速不是常数,传动中会产生附加动载荷,产生冲击和振动,传动平稳性差,工作时有噪声。因此不宜用于要求精密传动的机械上。

(7) 链条的铰链磨损后,使链条节距变大,传动中易发生跳齿和脱链。

链传动用于两轴平行、中心距较远、传递功率较大且平均传动比要求准确、不宜采用带传动或齿轮传动的场合。在轻工机械、农业机械、石油化工机械、运输起重机械及机床、汽车、摩托车和自行车等的机械传动中得到广泛应用。

按链的用途,链传动分为传动链、起重链和输送链三种。传动链主要在一般机械中用于传递动力和运动;起重链主要在起重机械中用于提升、牵引、悬挂物体兼作缓慢运动;输送链主要在各种输送装置中输送工件、物品和材料。

2. 套筒滚子链

传动链的种类繁多,最常用的是套筒滚子链如图 9-8 所示。

滚子链由内链板 1、外链板 2、销轴 3、套筒 4 和滚子 5 组成。销轴与外链板、套筒与内链板分别采用过盈配合连接成一个整体,组成外链节、内链节。销轴与套筒之间采用间隙配合构成外、内链节,它们之间能相对转动。套筒能够绕销轴自由转动,滚子又可绕套筒自由

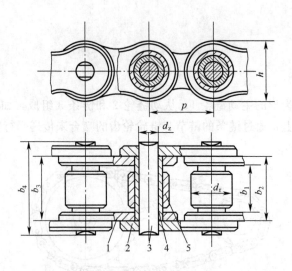

图 9-8　套筒滚子链

转动，使链条与链轮啮合时形成滚动摩擦，减轻链条和链轮轮齿的磨损。链板常制成∞形，以减轻链条的重量。

链条上相邻两销轴中心的距离 p 称为**节距**，它是链条的主要参数。链轮转速越高，节距越大，齿数越少，动载冲击越严重，传动越不平稳，噪声越大。节距越大，链条尺寸越大，所能传递的功率也越大。

当链轮的齿数一定时，链轮的直径随节距的增大而增大。因此，在传递较大功率时，为了减少链轮直径，常采用小节距多排链。

链条的长度用链节的数目表示。为将链条两端连接起来，当链节数为偶数时，正好是外链板与内链板相接，可用开口销或弹簧锁片固定销轴。若链节数为奇数，则需采用过渡链节，由于过渡链节的链板要受附加的弯矩作用，对传动不利，故尽量不采用奇数链节的闭合链。滚子链已有国家标准，分为两个系列。

3. 滚子链链轮

链轮由轮缘、腹板、轮毂组成，其结构形式如图 9-9 所示。小直径链轮可制成实心式，中等直径的链轮采用腹板式或孔板式，大直径（$d > 200$ mm）链轮可采用组合式，齿圈与轮芯用不同材料制造，齿圈用螺栓连接或焊接在轮芯上。轮芯用一般钢材或铸铁制造，可节省贵重钢材，同时轮齿磨损后只需更换齿圈即可。

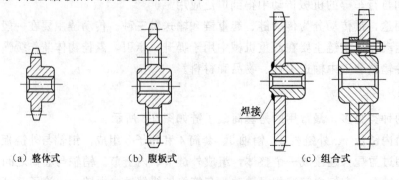

（a）整体式　　　（b）腹板式　　　　　（c）组合式

图 9-9　滚子链链轮结构形式

4. 链传动的布置和张紧

（1）链传动的布置。

① 两链轮轴线平行，且两链轮的回转平面必须位于同一铅垂平面内。

② 两链轮的中心连线最好是水平的，或两链轮中心连线与水平面成45°以下的倾斜角。

③ 尽量避免两链轮上下布置。必须采用两链轮上下布置时，应采取以下措施：中心距可调整；设张紧装置；上、下两轮应错开，使其轴线不在同一铅垂面内。

④ 一般使链条的紧边在上、松边在下。否则，松边在上，链条松弛下垂后可能与紧边相碰，也可能发生与链轮卡死的现象。

（2）链传动的张紧。

链传动的松边如果垂度过大，将会引起啮合不良和链条振动的现象，所以必须进行张紧。常用的张紧方法有：

① 调整中心距。移动链轮增大中心距。

② 缩短链长。当中心距不可调时，可去掉1~2个链节。

③ 采用张紧装置。图9-10（a）、（b）所示为采用张紧轮。张紧轮一般布置在松边外侧且靠近小链轮；图9-10（c）所示为采用压板，压板布置在链条的松边便可张紧；图9-10（d）所示为采用托板，对于中心距较大的链传动，用托板控制链的垂度较好。

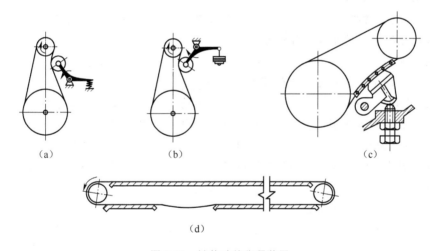

(a)　　　　　　　(b)　　　　　　　　　　(c)

(d)

图 9-10　链传动的张紧装置

问题思考

1. 试述链传动的工作原理及特点

2. 滚子链由哪几部分组成？

习　　题

1. 填空题

（1）带传动依靠传动带与带轮间产生的_____来带动实现运动和动力的传递。

（2）带传动能缓和_____，吸收_____、传动_____，噪声小。

(3) V 带的七种型号是＿＿＿＿＿＿＿＿＿＿＿＿＿＿＿＿＿。

(4) 在带与带轮的接触弧中，带的每一点受到拉力 F 的大小随带的＿＿＿＿而变化。

(5) 带传动的有效拉力 $F_t =$ ＿＿＿＿。

(6) 带传动的摩擦力总和达到了最大上限值，称为＿＿＿＿＿＿＿。

(7) 带传动不发生打滑的条件是＿＿＿＿。

(8) 带传动带张紧的目的是＿＿＿＿＿＿＿＿＿＿＿＿。

(9) 带的失效形式是＿＿＿＿、＿＿＿＿。

(10) 由于带弹性＿＿＿＿的变化，使带在接触弧上产生微小局部相对滑动，称为＿＿＿＿滑动。

(11) 带的弹性滑动造成带的＿＿＿＿不是恒定常量。

(12) 带张紧方法有＿＿＿＿轮和加大两带轮＿＿＿＿距。

(13) 链传动由具有特殊齿形的＿＿＿＿链轮、＿＿＿＿链轮和＿＿＿＿组成。

2. 选择题

(1) V 带传动的特点是＿＿＿＿。

    A. 缓和冲击，吸收振动   B. 结构复杂   C. 成本高

(2) V 带传动的特点是＿＿＿＿。

    A. 传动比准确   B. 传动效率高   C. 没有保护作用

(3) B 型带的剖面尺寸和承载能力大于＿＿＿＿。

    A. Y 型   B. D 型   C. E 型

(4) 带在带轮上由于弯曲产生的弯曲应力是＿＿＿＿。

    A. 大轮＞小轮   B. 大轮＝小轮   C. 大轮＜小轮

(5) 由于带的弹性变形的变化引起的微小、局部滑动现象称为＿＿＿＿。

    A. 弹性滑动   B. 打滑   C. 正常转动

(6) 带传动中，主动轮与从动轮圆周速度 v_1、v_2，与带的速度 v 之间的关系为＿＿＿＿。

    A. $v_2 < v < v_1$ B. $v < v_1 < v_2$ C. $v_1 < v < v_2$

(7) 增加小带轮包角的方法有＿＿＿＿。

    A. 增大中心距   B. 增加小带轮直径   C. 加大带速

第10章 轮 系

学习目标

1. 了解轮系的分类、特点及应用。
2. 掌握定轴轮系传动比的计算。
3. 了解行星轮系、混合轮系传动比的计算。

知识点

1. 轮系、定轴轮系、行星轮系、混合轮系。
2. 计算定轴轮系的传动比及判定各个齿轮的回转方向。
3. 轮系的应用。

相关链接

轮系广泛用于各种机械设备中如减速器、汽车的差速器等。其功用如下：1. 传递相距较远的两轴间的运动和动力。2. 可获得大的传动比。3. 可实现变速传动和变向传动。4. 实现运动的合成或分明。

减速器（模型）

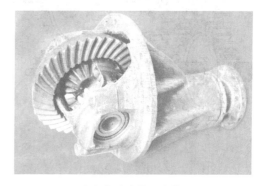

汽车的差速器（实物）

10.1 定 轴 轮 系

在机械传动中，为了实现和获得大传动比等目的，常采用一系列相互啮合的齿轮传动。这种由一系列圆柱齿轮、圆锥齿轮、螺旋齿轮、蜗轮蜗杆等组成的传动系统称为**轮系**。

10.1.1 定轴轮系实例

图 10-1 所示为两级圆柱齿轮减速器中的齿轮，图 10-2 所示为汽车变速器中的齿轮。它们在运转时，各齿轮的几何轴线相对机架都是固定的，因此这类齿轮传动装置称为**定轴齿轮传动装置**，或简称为**定轴轮系**。

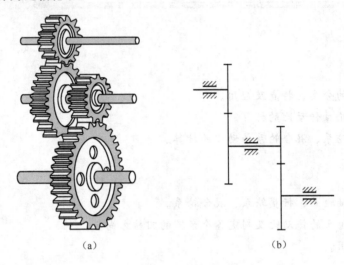

（a） （b）

图 10-1 两级圆柱齿轮减速器

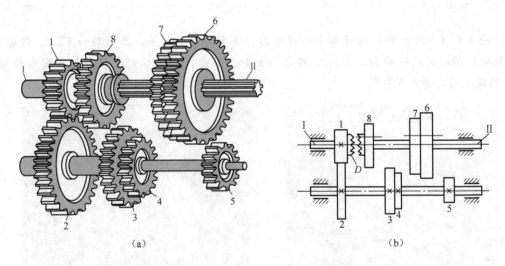

（a） （b）

图 10-2 汽车变速器

10.1.2 定轴轮系传动比的计算

定轴轮系的传动比是指始端主动齿轮 1 与末端从动齿轮 k 的角速度之比（ω_1/ω_k），工程上则常用其转速比（n_1/n_k）来表示，即

$$i_{1k}=\frac{\omega_1}{\omega_k}=\frac{n_1}{n_k} \tag{10-1}$$

1. 一对圆柱齿轮的传动比

如图 10-3 所示，一对齿轮传动的传动比为

$$i_{12}=\frac{\omega_1}{\omega_2}=\frac{n_1}{n_2}=\pm\frac{z_2}{z_1}$$

式中，外啮合时，主、从动齿轮转动方向相反，取"－"号；内啮合时，主、从动齿轮转动方向相同，取"＋"号。其转动方向也可用箭头表示（见图 10-3）。

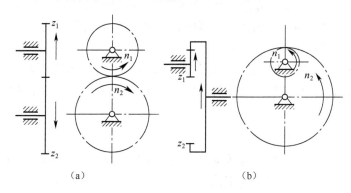

（a）   （b）

图 10-3　一对圆柱齿轮的传动比

2. 平行轴定轴轮系的传动比

图 10-4 所示所有齿轮轴线均互相平行的定轴轮系，设齿轮 1 为首轮，齿轮 5 为末轮，z_1、z_2、z_3、z_3'、z_4、z_4'、z_5 为各轮齿数，n_1、n_2、n_3、n_3'、n_4、n_4'、n_5，为各轮的转速，则各对齿轮的传动比为

$$i_{12}=\frac{n_1}{n_2}=-\frac{z_2}{z_1}$$

$$i_{23}=\frac{n_2}{n_3}=-\frac{z_3}{z_2}$$

$$i_{3'4}=\frac{n_3'}{n_4}=-\frac{z_4}{z_3'}$$

$$i_{4'5}=\frac{n_4'}{n_5}=-\frac{z_5}{z_4'}$$

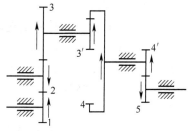

图 10-4　平行轴定轴轮系的传动比

容易看出，将各对齿轮的传动比相乘恰为首末两轮的传动比，即

$$i_{15}=i_{12}i_{23}i_{3'4}i_{4'5}$$

$$=\frac{n_1}{n_2}\frac{n_2}{n_3}\frac{n_3'}{n_4}\frac{n_4'}{n_5}$$

$$=\frac{n_1}{n_5}$$

$$=\left(-\frac{z_2}{z_1}\right)\left(-\frac{z_3}{z_2}\right)\left(+\frac{z_4}{z_3'}\right)\left(-\frac{z_5}{z_4'}\right)$$

$$=(-1)^3\frac{z_2 z_3 z_4 z_5}{z_1 z_2 z_3' z_4'}$$

$$=(-1)^3\frac{z_3 z_4 z_5}{z_1 z_3' z_4'}$$

由上式可知：

（1）平行轴定轴轮系的传动比等于轮系中各对齿轮传动比的连乘积，也等于轮系中所有从动轮齿数乘积与所有主动轮齿数乘积之比。若轮系中有 k 个齿轮，则平行轴定轴轮系传动比的一般表达式为

$$i_{1k}=\frac{n_1}{n_k}=(-1)^m\frac{1，k \text{ 之间所有从动轮齿数的乘积}}{1，k \text{ 之间所有主动轮齿数的乘积}} \qquad (10\text{-}2)$$

（2）传动比的正负决定于外啮合齿轮的对数 m，当 m 为奇数时，i_{1k} 为负号，说明首、末两轮转向相反；m 为偶数时，i_{1k} 为正号，说明首末两轮转向相同。定轴轮系的转向关系也可用箭头在图上逐对标出，如图 10-4 所示。

（3）图 10-4 中的齿轮 2 既是主动轮，又是从动轮，它对传动比的大小不起作用，但改变了传动装置的转向，这种齿轮称为**惰轮**。惰轮用于改变传动装置的转向和调节轮轴间距，又称为**过桥齿轮**。

3. 非平行轴定轴轮系的传动比

定轴轮系中含有锥齿轮、蜗杆等传动时，其传动比的大小仍可用式（10-2）计算。但其转动方向只能用箭头在图上标出，而不能用 $(-1)^m$ 来确定，如图 10-5 所示。

箭头标定转向的一般方法为：对圆柱齿轮传动，外啮合箭头方向相反，内啮合箭头方向相同；对锥齿轮传动，箭头相对或相离；对蜗杆传动，用主动轮左、右手定则，四指变曲方向代表蜗杆转向，大拇指的反方向代表蜗轮在啮合处的速度方向。

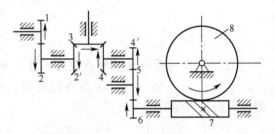

图 10-5 非平行轴定轴轮系

【例 10-1】 在图 10-5 所示的定轴轮系中，已知 $z_1=15$，$z_2=25$，$z_2'=z_4=14$，$z_3=24$，$z_4'=20$，$z_5=24$，$z_6=40$，$z_7=2$，$z_8=60$；若 $n_1=800$ r/min，转向如图所示，求传动比 i_{18}、蜗轮 8 的转速和转向。

解：

按式（10-2）计算传动比的大小

$$i_{18}=\frac{n_1}{n_8}=\frac{z_2 z_3 z_4 z_5 z_6 z_8}{z_1 z_2' z_3' z_4' z_5 z_7}$$

$$=\frac{25\times14\times40\times60}{15\times14\times20\times2}=100$$

$$n_8=\frac{n_1}{i_{18}}=\frac{800}{100}=8 \text{ r/min}$$

因首末两轮不平行，故传动比不加符号，各轮转向用画箭头的方法确定，蜗轮 8 的转向如图 10-5 所示。

【例 10-2】 在图 10-6 所示的定轴轮系中，已知 $z_1=16$，$z_2=32$，$z_{2'}=20$，$z_3=40$，$z_{3'}=2$，$z_4=40$，$n_1=800$ r/min，试求蜗轮的转速及各轮的转向。（蜗轮转动方向的判别，如图 10-4 所示）

解：

此定轴齿轮系各轮的转动方向用箭头标出如图 10-6 所示。齿轮 1 与齿轮 4 的轴线不相

互平行，只能计算大小。其传动比为

$$i_{14}=\frac{n_1}{n_4}=\frac{z_2 z_3 z_4}{z_1 z_{2'} z_{3'}}=\frac{32\times40\times40}{16\times20\times2}=80$$

$$n_4=\frac{n_1}{i_{14}}=\frac{800}{80}=10 \text{ r/min}$$

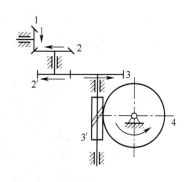

图 10-6　定轴轮系

 问题思考

1. 如图 10-7 所示的定轴轮系，已知蜗杆 1 的转向，在图中用箭头标注齿轮 4 的转向？

2. 如图 10-8 所示的轮系中，已知各轮齿数为 $z_1=20$，$z_2=40$，$z_{2'}=20$，$Z_3=30$，$z_{3'}=20$、$z_4=32$、$z_5=40$，试求传动比 i_{15}。判定哪个齿轮是惰轮，它在轮系中起到什么作用？

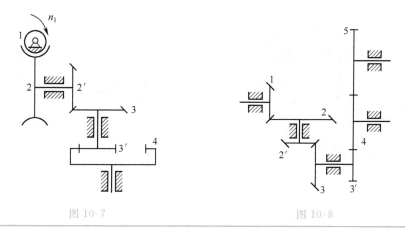

图 10-7　　　　　　　　　　　图 10-8

10. 2　行星轮系

10.2.1　行星轮系实例及其分类

图 10-9、图 10-10 所示为常见的行星齿轮传动装置。齿轮 2 既绕自身几何轴线 O_2 转动，又绕齿轮 1 的固定几何轴线 O_1 转动，如同自然界中的行星一样，既有自转又有公转，所以称为**行星轮**；齿轮 1 和齿轮 3 的几何轴线固定不动，它们被称为**太阳轮**，分别与行星轮相啮合；支持行星轮作自转和公转的构件 H 称为**行星架**。由行星轮、太阳轮、行星架以及机架组成的行星齿轮传动装置称为**行星轮系**。

根据太阳轮的数目可以将行星轮系分为两大类：

（1）简单行星轮系　太阳轮的数目不超过两个的行星轮系称为**简单行星轮系**，图 10-9 中只有一个太阳轮，图 10-10 中有两个太阳轮，它们都是简单行星轮系。此类行星轮系中，行星架 H 与太阳轮的几何轴线必须重合，否则整个轮系不能转动。

（2）复合行星轮系　太阳轮的数目超过两个的行星轮系称为**复合行星轮系**。

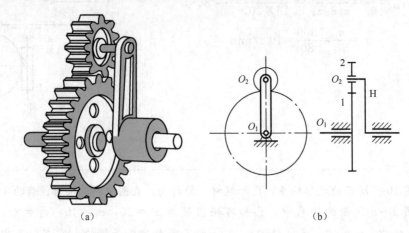

(a)　　　　　　　　　　　　　　　(b)

图 10-9　一个太阳轮的简单行星轮系

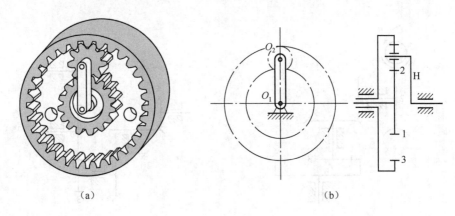

(a)　　　　　　　　　　　　　　　(b)

图 10-10　两个太阳轮的简单行星轮系

10.2.2　行星轮系传动比的计算

　　行星轮系与定轴轮系的根本区别在于行星轮系中有行星轮，行星轮的轴线绕太阳轮轴线转动不固定，因此计算行星轮系传动比时，就不能直接应用定轴轮系的计算公式进行计算。

　　如图 10-11 所示的行星轮系中，各齿轮和行星架 H 的转速分别为 n_1、n_2、n_3、n_H，在整个行星齿轮系上加一个与行星架转速大小相等、方向相反的公共转速（$-n_H$），这时行星架不再转动，行星轮不再做公转，各轮都绕着各自的轴心线转动，整个轮系转换成了定轴轮系。这种经过转化变成的定轴轮系称为**原行星轮系的转化轮系**。

　　各构件转化后，转速发生了变化，如表 10-1 所示，转化轮系中各构件的转速分别为 n_1^H、n_2^H、n_3^H、n_H^H（上角标"H"表示各构件转速是相对行星架 H 的相对转速）。

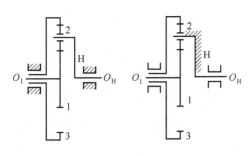

图 10-11　行星轮系及转化轮系

表 10-1　行星轮系转化前后的转速

构　件	行星轮系各构件转速	转化轮系各构件转速
太阳轮 1	n_1	$n_1^H = n_1 - n_H$
行星轮 2	n_2	$n_2^H = n_2 - n_H$
太阳轮 3	n_3	$n_3^H = n_3 - n_H$
行星架 H	n_H	$n_H^H = n_H - n_H = 0$

转化轮系是定轴轮系，就可应用定轴轮系传动比的方法，计算其中任意两个齿轮的传动比。设转化轮系的定轴轮系主动首轮转速为 n_J，从动末轮转速为 n_K。则转动比 i_{JK}^H 计算公式：

$$i_{JK}^H = \frac{n_J^H}{n_K^H} = \frac{n_J - n_H}{n_K - n_H} = \pm \text{从 J 到 K 所有齿轮对从动轮齿数与主动轮齿数之比的连乘积}$$

使用公式时须注意以下几点：

（1）公式中 J 轮为主动首轮，K 为从动末轮。并且要求首轮 J 与末轮 K 的轴线平行。转化轮系各齿轮对的主动齿轮和从动齿轮由首轮到末轮的传动路线顺序来判定。

（2）公式中的"±"号，表示转化轮系中两齿轮的转化轮系的转动方向，不表示齿轮的实际方向。如果首末两轮用箭头法表示的转向相同，则取"＋"号；如果首末两轮用箭头来表示的转向相反，则取"－"号。

（3）公式中的 n_J、n_K、n_H 按原行星轮系的真实方向代入，假设顺时针方向取"＋"，则逆时针方向取"－"。

（4）公式中 n_J、n_K、n_H 三个量，只要给定任意两转速就能确定第三个转速；若给定其中一个转速，则能算出其余两个转速的传动比。

【例 10-3】在图 10-12 所示的行星轮系中，已知：$z_1 = 100$，$z_2 = 101$，$z_2' = 100$，$z_3 = 99$。试求传动比 i_{H1}。

解：

由式（10-2）得

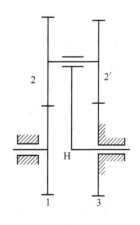

$$i_{13}^H = \frac{n_1^H}{n_3^H} = \frac{n_1 - n_H}{n_3 - n_H} = (-1)^2 \cdot \frac{z_2}{z_1} \cdot \frac{z_3}{z_2}$$

$$\frac{n_1 - n_H}{0 - n_H} = \frac{101 \times 99}{100 \times 100}$$

$$i_{1H} = \frac{n_1}{n_H} = \frac{1}{10000}$$

$$i_{H1} = \frac{n_H}{n_1} = 10000$$

图 10-12　大传动比行星轮系

i_{H1} 的符号为正，说明系杆 H 的转向与齿轮 1 的转向相同。

此例表明，当系杆转 10000 转时，齿轮 1 才转 1 转，行星轮系的传动比可达到非常大。

计算时注意，行星轮系不管求解什么，都先计算其转化轮系的传动比，再计算待求解的问题。

【例 10-4】如图 10-13 所示，由锥齿轮构成的行星轮系。已知：$z_1 = 48$，$z_2 = 48$，$z_2' = 18$，$z_3 = 24$，$n_1 = 250$ r/min，$n_3 = 100$ r/min，转向相反。试求系杆 H 的转速 n_H 的大小和方向。

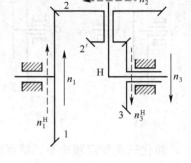

解：

设齿轮 1 转速 n_1 为正，因齿轮 3 转速 n_3 与 n_1 相反，故 n_3 为负。由式（10-2）得

$$i_{13}^H = \frac{n_1^H}{n_3^H} = \frac{n_1 - n_H}{n_3 - n_H} = -\frac{z_2}{z_1} \cdot \frac{z_3}{z_2'}$$

$$\frac{250 - n_H}{-100 - n_H} = -\frac{48}{48} \cdot \frac{24}{18} = -\frac{4}{3}$$

$$n_H = 50 \text{ r/min}$$

图 10-13　锥齿轮构成的行星轮系

n_H 为正值，表示系杆 H 的转向与齿轮 1 的转向相同，与齿轮 3 的转向相反。

问题思考

1. 【例 10-13】中，若齿数 z_3 由 99 变为 100，会有什么结果？

2. 【例 10-14】中，是否可以将 n_1 代为负号，n_3 代为正号？计算结果有变化吗？

10.3　混合轮系

由定轴轮系和行星轮系组合成的轮系称为**混合轮系**，如图 10-14 所示。因为混合轮系是由两种运动性质不同的轮系组成的，所以在计算传动比时，必须将混合轮系先分解为简单的行星轮系和定轴轮系，然后分别按相应的传动比计算公式列出算式，最后联立求解。

【例 10-5】在图 10-14 所示的混合轮系中，已知 $z_1 = 10$、$z_2 = 20$、$z_2' = 10$、$z_3 = 15$、$z_4 = 40$。求传动比 i_{1H}。

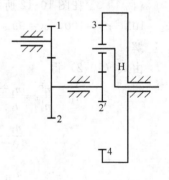

解：

（1）分析轮系，该轮系中，轮 3 为行星轮，与其相啮合的齿轮 2'、4 为太阳轮，所以 2'、3、4、H 组成行星轮系；齿轮 1、2 为定轴轮系。

（2）按定轴轮系列式

$$i_{12} = \frac{n_1}{n_2} = -\frac{z_2}{z_1} \tag{a}$$

（3）按行星轮系 2'－3（H）－4 列出转化轮系传动比计算式

图 10-14　混合轮系

$$i_{24}^H = \frac{n_2' - n_H}{n_4 - n_H} = (-1)^1 \frac{z_3 z_4}{z_2' z_3} = -\frac{z_4}{z_2'} \tag{b}$$

（4）将已知各轮的齿数及 $n_4 = 0$ 及 $n_2' = n_2$ 等代入式（a）、式（b），得

$$i_{12} = \frac{n_1}{n_2} = -\frac{20}{10} \tag{a'}$$

$$i_{2'4}^{H}=\frac{n_2'-n_H}{0-n_H}=-\frac{40}{10} \tag{b'}$$

由式（a'）得 $n_2=-0.5n_1$。对双联齿轮，$n_2=n_2'$，将 $n_2'=-0.5n_1$ 代入式（b'）得

$$\frac{-0.5n_1-n_H}{-n_H}=-4$$

由此解得

$$i_{1H}=\frac{n_1}{n_H}=-10$$

习　　题

1. 判断题

(1) 车床上的进给箱、运输机中的减速器和行星齿轮都属于轮系。 （　　）

(2) 所谓惰轮，是指在轮系中不起作用的齿轮。 （　　）

(3) 至少有一个齿轮的几何轴线是作既有自转又有公转运动的轮系，称为行星轮系。

（　　）

(4) 将行星轮系转化为定轴轮系后，其各构件间的相对运动关系发生了变化。 （　　）

(5) i_{13}^{H} 为行星轮系中 1 轮对 3 轮的传动比。 （　　）

2. 选择题

(1) 图 10-15 所示轮系属于哪种轮系？（　　）

　　A. 行星轮系　　　　　　B. 定轴轮系　　　　　　C. 混合轮系

(2) 图 10-16 所示轮系，当 Ⅰ 轴的转速和转向已定，则 Ⅲ 轴的转速和转向如何？

（　　）

　　A. Ⅲ 轴的转速、转向与 Ⅰ 轴相同　　　　　　B. Ⅲ 轴与 Ⅰ 轴转速、转向都不同

　　C. Ⅲ 轴的转速同 Ⅰ 轴，但转向相反

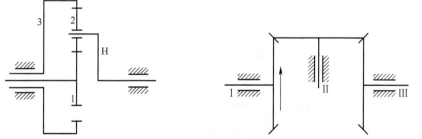

图 10-15　　　　　　　　　　　　　　　　图 10-16

(3) 图 10-17 所示轮系中，哪是太阳轮？哪是行星轮？（　　）

　　A. 2、3 为太阳轮，4 为行星轮　　　　　　B. 3 为太阳轮，4、5 为行星轮

　　C. 1、3 为太阳轮，4、5 为行星轮

(4) 图 10-18 所示是哪类轮系？（　　）

　　A. 定轴轮系　　　　　　B. 行星轮系　　　　　　C. 混合轮系

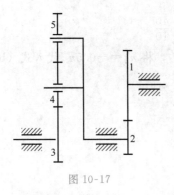

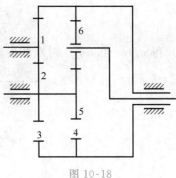

图 10-17　　　　　　　　　　　　图 10-18

（5）$i_{13}^{H} = \dfrac{n_1 - n_H}{n_3 - n_H} = -\dfrac{z_3}{z_1}$ 是下列哪种情况传动比的计算式？（　　　）

A. 行星轮系的　　　　B. 转化轮系的　　　　C. 定轴轮系的

3. 计算题

（1）如图 10-19 所示的定轴轮系中，已知各轮的齿数为 $z_1 = z_2' = 15$，$z_2 = 45$，$z_3 = 30$，$z_3' = 17$，$z_4 = 34$。试求传动比 i_{14}。

（2）起重机传动系统如图 10-20 所示，已知 $z_1 = 1$，$z_2 = 50$，$z_3 = 20$，$z_4 = 60$，卷筒直径 $d = 400$ mm，电动机转速 $n_1 = 1500$ r/min。试求：① 卷筒的转速 n_4 为多少？② 重物移动速度为多少？③ 提升重物时，电动机应以什么方向旋转（标在图上）？

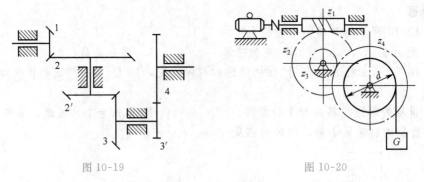

图 10-19　　　　　　　　　　　　图 10-20

（3）图 10-21 所示的滚齿机传动中，已知各轮齿数为 $z_1 = 15$，$z_2 = 28$，$z_3 = 15$，$z_4 = 35$，$z_8 = 1$，$z_9 = 40$，被切齿轮毛坯 B 的齿数为 64，滚刀头数为 1。求传动比 i_{75}。

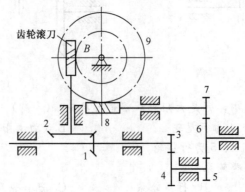

图 10-21

第11章 轴

学习目标

1. 了解轴的功用、分类、常用材料。能够合理选择轴的材料。
2. 理解轴上零件的轴向和周向固定方法，熟悉轴的结构工艺性。

知识点

1. 轴的分类方法。
2. 轴的常用材料。
3. 轴的结构设计应考虑的主要问题。

相关链接

　　轴类零件是机械加工中经常遇到的典型零件之一，也是重要的零件，主要用来支承传动零件（如齿轮、带轮等），传递运动和扭矩。轴类零件是旋转体零件，其长度大于直径，加工表面通常有内外圆柱面、圆锥面，以及螺纹、花键、键槽、沟槽等。在加工轴类零件的过程中要遵循：基面先行、先近后远、先粗后精、先主后次的原则，即先车出基准外圆后粗精车各外圆表面，再加工次要表面槽、螺纹。

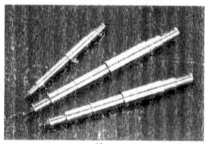

轴

车床加工轴

11.1 轴的概述

　　轴是机器中最重要的零件之一，如机床主轴、自行车轮轴、录音机磁带轴、电脑磁盘中心轴等，都是非常关键的零件。轴一般是横截面为圆形的回转体，轴的主要作用是支撑机器的其他回转零件，如齿轮、飞轮等，使其具有确定的工作位置，并传递动力和运动。

11.1.1 轴的分类及应用

1. 按所受载荷分类

按轴所受载荷，可分为心轴、传动轴和转轴三类。

（1）心轴 主要承载弯矩的轴称为**心轴**。根据心轴工作时是否转动，可分为转动心轴［见图 11-1（a）］和固定心轴［见图 11-1（b）］两种。

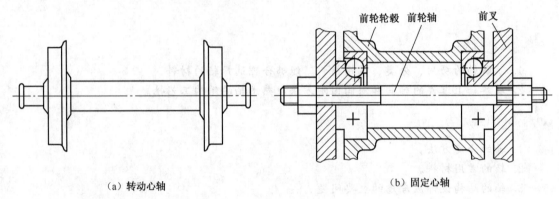

（a）转动心轴　　　　　　　　　　（b）固定心轴

图 11-1 心轴

（2）传动轴 主要承受扭矩的轴称为**传动轴**。图 11-2 所示为汽车从变速箱到后桥的传动轴。

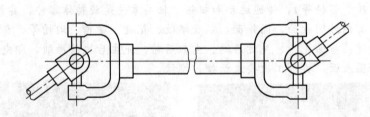

图 11-2 传动轴

（3）转轴 既承受弯矩又承受转矩的轴称为**转轴**。图 11-3 所示为单级圆柱齿轮减速器中的转轴。

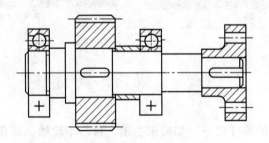

图 11-3 转轴

2. 按轴线的几何形状分类

按轴线的几何形状，可分为直轴、曲轴和挠性轴三类。

（1）直轴　各旋转面具有同一旋转中心，在各种机械上广泛应用，直轴又可分为光轴、阶梯轴和空心轴，如图 11-4 所示。

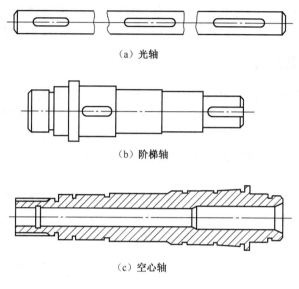

（a）光轴

（b）阶梯轴

（c）空心轴

图 11-4　直轴

光轴［见图 11-4（a）］，各截面直径相同加工方便，但零件不易定位。

阶梯轴［见图 11-4（b）］，这种轴的各截面直径不同，轴上零件容易定位，便于装拆，一般机械中常用。

空心轴［见图 11-4（c）］，它可以减轻质量、增加刚度，还可以利用轴的空心来输送润滑油、切削液或便于放置待加工的棒料。车床主轴就是典型的空心轴。

（2）曲轴、挠性轴

曲轴（见图 11-5）常用于往复式机械（如曲柄压力机、内燃机）中，以实现运动的转换和动力的传递。图 11-6 所示的挠性轴是由几层紧贴在一起的钢丝层构成的，它能把旋转运动和转矩灵活地传到任何位置，但它不能承受弯矩，多用于转矩不大、传递运动为主的简单传动装置中。

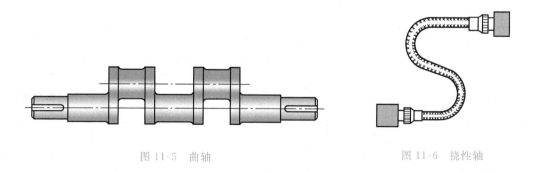

图 11-5　曲轴

图 11-6　挠性轴

11.1.2　轴设计的基本要求

轴的设计主要解决两方面的问题：一是轴的结构形状和尺寸，二是轴的强度。

为了保证轴具有足够的承载能力，轴应具有足够的强度和刚度，以保证轴能正常地工作。对于高速轴还要进行振荡稳定性计算，以避免产生共振。

轴是支撑在轴承上的，同时轴上装配有各种零件，除了考虑强度、刚度等问题外，还要根据加工和装配要求，合理地确定轴各部分的形状和尺寸等，这要求通过结构设计来保证。

11.1.3 轴的材料及其选择

轴在工作时一般要承受弯曲应力和扭转应力等作用，主要失效形式为疲劳破坏。因此，轴的材料应具有足够的强度和韧性、高的硬度和耐磨性，同时要有较好的工艺性和经济性。轴的材料主要为碳钢、合金钢，钢轴的毛坯形式为轧制圆钢和锻钢。

轴的常用材料及其热处理后的主要机械性能如表 11-1 所示。

表 11-1　轴的常用材料及其主要力学性能

材料	牌号	热处理	毛坯直径 (mm)	硬度 HBS	力学性能（MPa）			应用
					抗拉强度	屈服强度	许用弯曲极限	
碳素结构钢	Q235	——	——	——	440	240	43	不重要或载荷不大的轴
	Q275	——	——	——	580	280	53	
优质碳素结构钢	45	正火	25	≤240	600	360	55	强度和韧性较好，应用最广泛
		正火、回火	≤100	170～217	600	300	55	
		正火、回火	>100～300	162～217	580	290	53	
		调质	≤200	271～255	650	360	61	
合金钢	40Cr	调质	25	——	1000	800	90	用于载荷较大而冲击不大的重要轴
			≤100	241～266	750	550	72	
			>100～300	241～266	700	550	70	
	20Cr	渗碳淬火、回火	15	表面 50～60HRC	850	550	76	用于强度、韧性和耐磨性均较高的轴
			30		650	400	—	
			≤60		650	400	—	
	20CrMnTi	渗碳淬火、回火	15	表面 56～60HRC	1100	850	100	性能略优于 20Cr
球墨铸铁	QT500-15			156～197	400	300	30	应用于曲轴、凸轮轴、水泵轴等
	QT400-3			197～269	600	420	42	

合金钢具有较高的力学性能和较好的热处理性能，但对应力集中较敏感。常用于载荷大、要求结构紧凑、耐磨或工作条件较为恶劣的场合。

轴的热处理和表面强化可以提高轴的疲劳强度。

 问题思考

1. 使用合金钢制作传动轴有何意义？

2. 对轴进行热处理和表面处理有何用途？

11.1.4 轴的设计内容

1. 轴的结构设计

根据轴上零件的安装、定位及轴的制造工艺等方面的要求，合理确定轴的结构形状和尺寸。

2. 轴的工作能力设计

从强度、刚度和振动稳定性等方面来保证轴具有足够的工作能力和可靠性。

设计轴时主要应该满足轴的强度要求；对于刚度要求较高的轴（如机床主轴），主要应该满足刚度要求；对于一些高速旋转的轴（如高速磨床主轴、汽轮机主轴等），要考虑满足振动稳定性的要求。

11.2 轴的结构设计

11.2.1 轴结构设计概述

轴的结构设计就是确定轴的合理形状和尺寸。

1. 轴的结构设计要求

（1）轴上零件在轴上应有准确的定位和可靠的固定。

（2）轴上零件便于拆装和调整。

（3）保证轴有良好的制造工艺性。

（4）轴上零件位置安排要满足轴的强度和刚度要求。

（5）轴的结构和尺寸应尽量避免应力集中。

轴的结构设计与轴所受的载荷大小、分布及应力情况；轴上零件数目、布置情况；零件在轴上的固定方法；轴承的类型及尺寸；轴的加工及装配情况等诸多因素有关。所以轴的结构设计没有固定的模式，需根据具体情况分析。

2. 轴的基本形状

为满足轴结构设计的要求，轴的形状通常是两头细、中间粗，由不同直径和长度轴段组成的阶梯轴，如图 11-7 所示。阶梯轴有利于轴上零件的拆装，并符合等强度原则。

3. 轴的各部分名称

（1）轴头 轴上安装旋转传动零件（如曲柄、摇杆、凸轮、带轮、链轮、齿轮、蜗轮、联轴器及离合器等）的轴段称为**轴头**，如图 11-7 中的①、④轴段。轴头的直径应与相配合

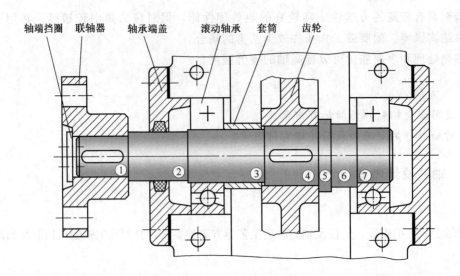

轴端挡圈　联轴器　轴承端盖　滚动轴承　套筒　齿轮

图 11-7　轴的结构

的零件轮毂内径一致，并尽量采用直径标准系列；轴头的长度一般比轮毂的宽度短，以保证传动零件轴向固定可靠。

（2）轴颈　安装轴承的轴段称为**轴颈**，如图 11-7 中的③、⑦轴段。轴颈的直径应取轴承的内径系列；轴颈的长度一般与轴承的长度相等或由具体结构而确定。

（3）轴身　连接轴头和轴颈部分的非配合轴段称为**轴身**，如图 11-7 中的②、⑤、⑥轴段。轴身部分的直径可采用自由尺寸，为了便于加工及尽量减少应力集中，轴各段直径的变化应尽可能减少。轴身的长度由轴上零件的宽度和零件的相互位置而定。

11.2.2　轴上零件的轴向固定

零件的轴向固定是保证轴上零件有准确的相对位置，防止零件作轴向移动，并将作用在零件上的轴向力通过轴传递给轴承。常用的轴向固定方法有以下几种。

1. 轴肩和轴环

阶梯轴各轴段不同直径变化的部位称为**轴肩**，其中尺寸变化最大的一个轴肩称为**轴环**，如图 11-7 所示的轴段⑥，轴肩和轴环由定位面高度 h 和过渡圆角半径 R 组成。

为零件定位与固定所设的轴肩为固定轴肩，固定轴肩或轴环处的圆角半径 R 必须小于零件轮毂孔的圆角 R_1 或倒角 C_1，保证轮毂端面与轴肩端面紧贴，如图 11-8（a）所示，否则轮毂端面无法与轴肩端面紧贴，导致定位和固定失效，如图 11-8（b）所示。其中 R、R_1、C_1 的值应符合标准（见表 11-2）。

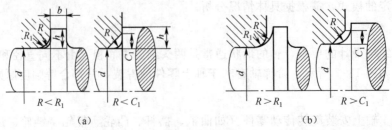

（a）　　　　　　　　　　　　　　　（b）

图 11-8　轴上零件的轴肩固定与定位

表 11-2　零件倒角与倒圆 (摘自 GB/T 6403.4—1986)

型式				
装配方式	$C_1 > R$	$R_1 > R$	$C < 0.58R_1$	$C_1 > C$

直径 d	>6~10		>10~18	>18~30	>30~50		>50~80	>80~120	>120~180
R_1 或 C_1	0.5	0.6	0.8	1.0	1.2	1.6	2.0	2.5	3.0
R 或 C	0.2	0.3	0.4	0.5	0.6	0.8	1.0	1.2	1.6

注：α 一般采用 45°，也可采用 30°或 60°。

定位高度应保证传动件固定可靠，一般轴上传动零件定位高度 $h = (0.07 \sim 0.1)\, d$。

固定滚动轴承轴肩的 h 和 R 应根据滚动轴承的类型与尺寸查滚动轴承手册而确定，其中轴肩高度必须低于轴承内圈的高度。

轴肩定位准确固定可靠，不需要附加零件，能承受较大的轴向力；该方法会使轴径增大，阶梯处形成应力集中，阶梯过多将不利于加工。

由轴的加工工艺或轴上零件装配工艺要求而生成的必要轴肩称为**工艺轴肩**。工艺轴肩的高度则无严格规定（见表 11-3）。尽可能减少应力集中。

表 11-3　圆形零件自由表面过渡圆角和过盈配合联接轴用倒角

圆角半径	$D-d$	2	5	8	10	15	20	25	30	35
	R	1	2	3	4	5	8	10	12	12
	$D-d$	40	50	55	65	70	90	100	130	140
	R	16	16	20	20	25	25	30	30	40
	$D-d$	170	180	220	230	290	300	360	370	450
	R	40	50	50	60	60	80	80	100	100

圆角半径	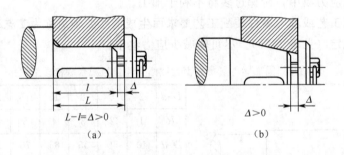	D-d	2	5	8	10	15	20	25	30	35
		R	1	2	3	4	5	8	10	12	12
		D-d	40	50	55	65	70	90	100	130	140
		R	16	16	20	20	25	25	30	30	40
		D-d	170	180	220	230	290	300	360	370	450
		R	40	50	50	60	60	80	80	100	100
过盈配合联接轴倒角		D	≤10	>10~18	>18~30	>30~50	>50~80	>80~120	>120~180	>180~260	>260~360
		a	1	1.5	2	3	—	5	8	10	10
		C	0.5	1	1.5	2	2.5	3	4	5	6
		α	30°				10°				

注：尺寸 D-d 是表中的中间值时，则按较小尺寸选取 R。

利用轴肩或轴环来固定是最常见的方法，同时轴肩和轴环也是零件在轴上轴向定位的基准。如图 11-7 所示齿轮右侧的定位与固定（轴环）；图 11-7 所示联轴器的右侧的定位与固定（轴肩），同样装在轴段⑦的滚动轴承左侧的定位与固定（轴肩）。

2. 轴端挡圈与圆锥面

轴端挡圈与圆锥面两者均适用于轴端零件的轴向固定，如图 11-9 所示。轴端挡圈和轴肩，或圆锥面与轴端挡圈联合使用，使零件获得双向轴向固定。

图 11-9　轴端挡圈与圆锥面

轴端挡圈［见图 11-9（a）］可承受剧烈振动和冲击载荷，工作可靠，能够承受较大的轴向力，应用广泛。

圆锥面［见图 11-9（b）］能消除轴与轮毂间的径向间隙，装拆方便，可兼做周向固定，能承受冲击载荷。

3. 圆螺母与定位套筒

圆螺母常用于零件与轴承间距离较大，且允许切制螺纹的轴段。其优点是固定可靠，装拆方便，可承受较大轴向力，能实现轴上零件的间隙调整；其缺点是由于轴上切制螺纹，对轴的疲劳强度有较大的削弱。为了减小对轴强度的削弱，常采用细牙螺纹；为了防松，需加止动垫片或者使用双螺母，如图 11-10 所示。

当两个零件相隔距离不大时，可采用套筒做轴向固定，如图 11-11 所示。图 11-7 中齿轮左侧就是靠套筒固定。这种方法能承受较大的轴向力，减小应力集中，且定位可靠、结构简单、装拆方便，还可以减少轴的阶梯数量和避免因切制螺纹而削弱轴的强度；但由于套筒与轴之间存在间隙，轴的转速很高时不宜采用。需要注意的是：定位套筒不宜过长。

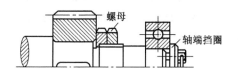

图 11-10　圆螺母　　　　　　　　图 11-11　定位套筒

4. 弹性挡圈与紧定螺钉

弹性挡圈与紧定螺钉均适用于承载不大，或仅是为了防止零件偶然沿轴向移动的场合。弹性挡圈常与轴肩联合使用，对轴上零件（常用于滚动轴承）实现双向固定，如图 11-12 所示。弹性挡圈固定的优点是结构紧凑、简单、装拆方便；其缺点是受力较小，且轴上切槽会引起应力集中，轴上切槽尺寸应符合标准。常用于轴承的部位。

紧定螺钉多用于光轴上零件的轴向固定，还可兼做周向固定，如图 11-13 所示。

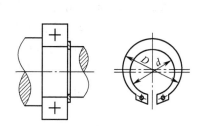

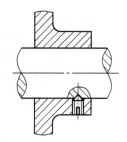

图 11-12　弹性挡圈　　　　　　　　图 11-13　紧定螺钉

11.2.3　轴上零件的周向固定

轴上零件的周向固定是为了防止零件与轴产生相对转动。常用的固定方式有平键、花键、销及过盈配合，如图 11-14 所示。

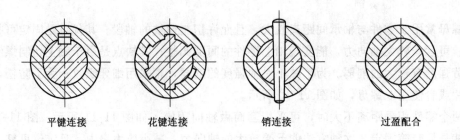

平键连接　　　花键连接　　　销连接　　　过盈配合

图 11-14　轴上零件周向固定方法

工作条件不同，对零件在轴上的定位方式和配合性质也不相同，而轴上零件的定位方法又直接影响到轴的结构形状。因此，在进行轴的结构设计时，必须综合考虑轴上的载荷的大小及性质、轴的转速、轴上零件的类型及使用要求等，合理作出固定选择。如齿轮与轴一般采用平键连接；当传递小转矩时，可采用销或紧定螺钉连接。

11.2.4　轴的结构工艺性

轴的结构形状和尺寸应尽量满足加工、装配和维修的要求。所以在轴的结构设计中应注意如下事项：

（1）为保证阶梯轴上的零件能顺利装拆，轴的各段直径应从轴端起逐段加大，形成中间大、两头小的阶梯形轴。轴的形状设计应力求简单，轴的台阶数要尽可能少，轴肩高度尽可能小。

（2）为了便于加工和检验，轴的直径应取为整数值；滚动轴承处的轴肩高度应小于轴承内圈的高度，以便于拆卸；与滚动轴承相配合的轴颈直径应符合滚动轴承内径标准，且同一轴上的轴颈直径尽可能相同，以便选择相同型号的滚动轴承；轴头的直径应与相配合的零件轮毂内径一致，并采用直径标准系列；安装联轴器的轴径应与联轴器的孔径范围相适应；有螺纹的轴段直径应符合螺纹标准直径。轴身部分的直径可采用自由尺寸，最好能选取标准直径。

（3）按轴上零件的装配方案和定位要求，逐步确定各轴段的直径，并根据轴上零件的轴向宽度尺寸、各零件的相互位置关系以及零件装配所需的装配和调整空间，确定轴的各段长度。轴上与零件相配合部分的轴段长度，应比轮毂长度略短 2 mm～3 mm，以保证零件轴向定位可靠。

（4）为了便于切削加工，同轴上的圆角、倒角、键槽、中心孔尺寸、退刀槽和越程槽等尺寸尽可能一致。

（5）一根轴上各键槽应开在同一母线上，若需开设键槽的轴段直径相差不大时，应尽可能采用相同宽度的键槽，以减少换刀次数，如图 11-15 所示。

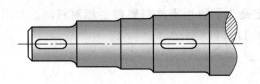

图 11-15　键槽布置

（6）轴颈部分需要磨削的轴段，应该留有砂轮越程槽，以便磨削时砂轮可以磨削到轴肩的端部，如图11-16（a）所示；需要切制螺纹的轴段，应留有退刀槽，以保证螺纹牙达到相应的长度，如图11-16（b）所示。

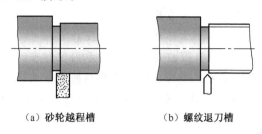

（a）砂轮越程槽　　　　（b）螺纹退刀槽

图 11-16　砂轮越程槽和退刀槽

（7）为了便于装配，轴端应加工出倒角（一般为45°），以免装配时把轴上零件的孔壁擦伤，如图11-17（a）所示；过盈配合零件的装入端应加工出导向锥面以便零件能顺利地压入，如图11-17（b）所示。

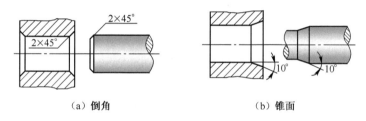

（a）倒角　　　　　　　（b）锥面

图 11-17　倒角和锥面

习　　题

1. 填空题

（1）根据轴承受载荷情况的不同，轴可分为＿＿＿＿＿＿、＿＿＿＿＿＿和＿＿＿＿＿＿。

（2）与轴承配合处的轴段称为＿＿＿＿＿＿。

（3）轴的要求是具有足够的＿＿＿＿＿＿能力、具有合理的＿＿＿＿＿＿尺寸。

（4）与零件配合处的轴段称为＿＿＿＿＿＿。

（5）轴上零件轴向固定的方法有＿＿＿＿＿＿肩和＿＿＿＿＿＿环。

（6）轴上零件轴向固定的方法有轴端＿＿＿＿＿＿和＿＿＿＿＿＿面。

（7）轴上零件轴向固定的方法有圆＿＿＿＿＿＿和＿＿＿＿＿＿筒。

（8）轴上零件轴向固定的方法有弹性＿＿＿＿＿＿和紧定＿＿＿＿＿＿。

（9）轴肩处的圆角半径应＿＿＿＿＿＿零件轮毂孔端的圆角半径或倒角高度。

（10）与零件配合的轴头长度应＿＿＿＿＿＿零件轮毂长度。

（11）减小应力集中、提高表面质量均可提高轴的＿＿＿＿＿＿强度。

2. 判断题

（1）轴只是用来支承回转零件。（　　）

（2）既承受弯矩又承受扭矩的轴称为转轴。（　　）

（3）轴肩处的圆角半径应小于零件轮毂孔端的圆角半径或倒角高度。　（　　）

（4）轴的结构设计就是合理确定轴的结构形状和尺寸。　（　　）

（5）轴上零件在轴上应有准确的定位和可靠的固定。　（　　）

（6）轴的结构和尺寸应尽量避免应力集中。　（　　）

（7）滚动轴承处的轴肩高度应小于轴承内圈的高度。　（　　）

（8）与滚动轴承相配合的轴颈直径应符合滚动轴承内径标准。　（　　）

（9）同一轴上的轴颈直径尽可能相同，以便选择相同型号的滚动轴承。　（　　）

（10）轴头的直径应与相配合的零件轮毂内径一致，并采用直径标准系列。　（　　）

第12章 轴 承

学习目标

1. 了解轴承的作用，分类及结构特点。
2. 掌握滚动轴承代号的含义，能够根据要求选用轴承的类型和代号。
3. 掌握滑动轴承和滚动轴承的优点及应用场合。

知识点

1. 滑动轴承的类型，常用润滑方式及其选择。
2. 滚动轴承结构、分类及代号含义。
3. 选择滚动轴承类型。
4. 滚动轴承轴系支点固定的三种结构形式。
5. 滚动轴承的润滑和密封方式。

相关链接

　　轴承是标准件、由专业工厂大批量生产，轴承分为滚动轴承和滑动轴承，广泛应用于高速、重载、高精度的场合，因而在汽轮机、大型电机、机床及铁路机车等机械中被广泛应用。

　　滑动轴承径向尺寸小，结构简单，制造和装拆方便，工作平稳，无噪声，耐冲击且承载能力大。在高速、高精度、重载、场合下，滑动轴承显示出它的优点。但这类轴承一般摩擦损耗大，润滑和维护要求较高，且轴向尺寸较大。常用于内燃机、机床及重型机械中。

　　与滑动轴承相比，滚动轴承是专业化生产的标准件。具有摩擦小、启动灵活、效率高、润滑、维护与更换方便等优点，且能在较大的载荷、转速和温度范围内工作，因此得到广泛应用。

12.1　滑　动　轴　承

滑动轴承通过轴瓦和轴颈构成摩擦传动副，具有较好的高速性能和抗冲击性能，寿命长、噪声低，在金属切削机床、内燃机、水轮机及家用电器中应用广泛。

12.1.1　滑动轴承的结构和类型

滑动轴承一般由轴承座、轴瓦（或轴套）、润滑装置和密封装置等部分组成。

1. 向心滑动轴承

向心滑动轴承分为整体式和对开式两种形式，如图 12-1、图 12-2 所示。

整体式滑动轴承结构简单，制造容易，成本低，常用于低速轻载。

对开式滑动轴承便于装配时对中和防止横向移动、轴承盖和轴承座的分合面做成阶梯形便于定位止口。

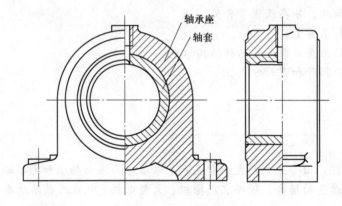

图 12-1　整体式滑动轴承

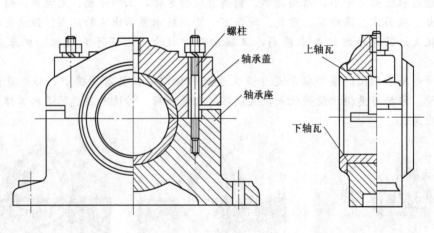

图 12-2　对开式滑动轴承

2. 推力轴承

推力滑动轴承用来承载轴向载荷，一般仅能承受单向轴向载荷。由于摩擦端面上各点的线速度与半径成正比，故离中心越远处磨损越严重，这样使摩擦端面上压力分布不匀，靠近中心处压力较大。为了改善因结构带来的缺陷，可采用中空或环形端面，轴向载荷过大时可采用多环轴颈。推力滑动轴承的轴颈与轴瓦端面为平行平面，相对滑动，难以形成完全流体润滑状态，只能在不完全流体润滑状态下工作，主要用于低速、轻载的场合。

12.1.2　轴瓦结构和轴承材料

轴瓦（轴套）是滑动轴承中最重要的零件，与轴颈构成相对运动的滑动副，其结构的合理性对轴承性能有直接影响。

对应于轴承，轴瓦的形式也做成整体式和对开式两种结构图，如 12-3 所示。

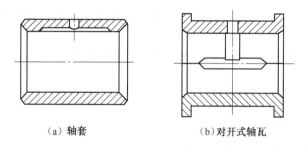

（a）轴套　　　　　　　　（b）对开式轴瓦

图 12-3　轴瓦（轴套）结构

对开式轴瓦有承载区和非承载区，一般载荷向下，故上瓦为非承载区，下瓦为承载区。

为了提高承载能力和节省贵重材料，常在轴瓦的工作表面增加一层耐磨性好的材料，称为**轴承衬**，形成双材料轴瓦。轴瓦和轴承衬的材料统称为**轴承材料**。为了使轴承衬与轴瓦结合牢固，可在轴瓦内表面开设一些沟槽。

为了将润滑油引入轴承，还需在轴瓦上开油槽和油孔，以便在轴颈和轴瓦表面之间导油。在剖分式轴承中，润滑油应由非承载区进入，以免破坏承载区润滑油膜的连续性，降低轴承的承载能力，故进油口开在上瓦顶部。

滑动轴承油沟的形状如图 12-4 所示，在轴瓦内表面，以进油口为对称位置，沿轴向、径向或斜向开有油沟，油经油沟分布到各个轴颈。油沟离轴瓦两端应有段距离，不能开通，以减少端部泄油。

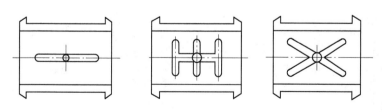

图 12-4　油沟形式

滑动轴承的失效形式主要是轴瓦表面的磨粒磨损、刮伤、胶合、疲劳脱落和腐蚀。因轴瓦直接参与摩擦，故其材料应具有良好的减摩性和耐磨性，良好的承载性和抗疲劳性，良好的顺应性（以避免表面间的卡死和划伤），良好的加工工艺性与经济性。另外，在可能产生胶合的场合，应选用具有抗胶合性的材料。

常用的轴瓦、轴承衬材料有：轴承合金、青铜、铝基轴承合金、灰铸铁和耐磨铸铁、粉末冶金、非金属材料等。

12.1.3 滑动轴承的润滑

1. 润滑脂及其选择

润滑脂是用矿物油与各种稠化剂（钙、钠、铝等金属）混合制成。其稠度大，不易流失，承载力也比较大，但物理和化学性质不如润滑油稳定，摩擦功耗大，不宜在温度变化大或高速下使用。轴颈速度小于 2 m/s 的滑动轴承可以采用脂润滑。

2. 润滑油的选择

选择润滑油时主要考虑轴承工作载荷、相对滑动速度、工作温度和特殊工作环境等条件。压力大、温度高、载荷冲击变动大时选择黏度大的润滑油；滑动速度大时选择黏度较低的润滑油；粗糙或未经跑合的表面应选择黏度较高的润滑油。

3. 润滑方式的选择

滑动轴承的润滑方式有连续供油和间歇供油两种，间歇供油用于低速、轻载的轴承，对重要的轴承应采用连续供油。

常见的润滑方式和装置有以下几种：

（1）润滑脂油杯润滑　图 12-5（a）所示为压注油杯，一般用油壶或油枪进行定期加油。图 12-5（b）所示为装满油脂的旋盖式油杯。

（2）油杯滴油润滑　它是依靠油的自重通过润滑装置向润滑部位滴油进行润滑，图 12-6（a）所示为针阀油杯，当手柄卧倒时阀口封闭；当手柄直立时，阀口开启，润滑油即流入轴承，针阀油杯可调节滴油速度改变供油量。图 12-6（b）所示为芯捻油杯，利用毛细管作用，由油芯把润滑油不断地滴入轴承。滴油润滑使用方便，一般用于非液体摩擦滑动轴承。

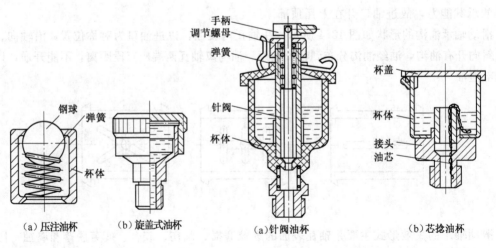

（a）压注油杯　　（b）旋盖式油杯　　　　（a）针阀油杯　　　　　（b）芯捻油杯

图 12-5　润滑脂油标　　　　　　　图 12-6　油杯滴油润滑装置

（3）飞溅润滑　飞溅润滑是润滑的主要方式，可以形成连续供油。如减速器、内燃机等机械中的轴承润滑。它是利用转动零件将油池中的润滑油带起直接溅到轴承上，或飞溅到箱体壁汇集到油沟内，流到轴承工作面进行润滑。另外一种形式，在轴上安装甩油环进行飞溅润滑，如图 12-7 所示。

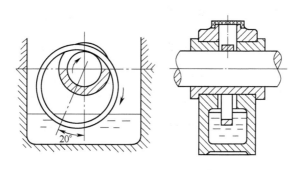

图 12-7　轴颈上的甩油环

12.2　滚　动　轴　承

滚动轴承是标准件，由专门的工厂批量生产。在机械设计中只需根据工作条件，选用合适的滚动轴承类型和型号进行组合结构设计即可。滚动轴承安装、维修方便，价格也较便宜，故应用十分广泛。

12.2.1　滚动轴承的结构

滚动轴承由内圈、外圈、滚动体和保持架组成，如图 12-8 所示。

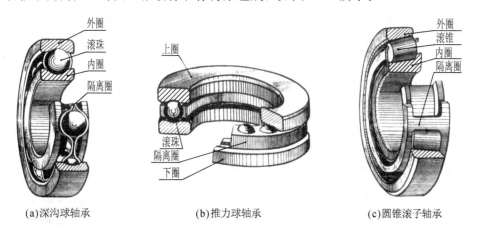

(a)深沟球轴承　　　(b)推力球轴承　　　(c)圆锥滚子轴承

图 12-8　滚动轴承的类型

内外圈均可滚动，滚动体可在滚道内滚动；保持架的作用是使滚动体均匀分开，减少滚动体间的摩擦和磨损。

滚动体的形状有球形、圆柱形、圆锥形、鼓形、滚针形等，如图 12-9 所示。滚动轴承的内、外圈和滚动体均要求有耐磨性和较高的接触疲劳强度，一般用 GCr9、GCr15、

GCr15SiMn 等滚动轴承钢制造。保持架选用较软材料制造，常用低碳钢板冲压后铆接或焊接而成。实体保持架则选用铜合金、铝合金或工程塑料等材料。

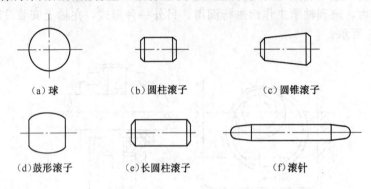

（a）球　　　　（b）圆柱滚子　　　（c）圆锥滚子

（d）鼓形滚子　　（e）长圆柱滚子　　　　（f）滚针

图 12-9　滚动体的形状

常用滚动轴承的分类如表 12-1 所示。

表 12-1　常用滚动轴承的分类

类型及代号	类型代号	结构简图	实物图	主要特性和应用
调心球轴承 10000	1			其结构特点是滚动体为双列球，外圈滚道为球面，因此当内、外圈轴线有较大相对偏转角时，能自动调心而使轴承保持正常工作，这类轴承主要承受径向载荷，也能承受较小的双向轴向载荷
调心滚子轴承 20000C	2			滚动体是双列球面滚子，外圈滚道为球面，因此具有自动调心作用。性能同调心球轴承，比调心球轴承受载荷的能力大、价格贵、极限转速低
圆锥滚子轴承 30000	3			能同时承受较大的径向、轴向联合载荷。性能同角接触球轴承，因成线性接触，承载能力大。内外圈可分离，装拆方便，且便于调整轴承游隙。这类轴承应成对使用
双列深沟球轴承 4200A	4			双列深沟球轴承除具备高于单列深沟球轴承 1.62 倍的径向承载能力外，还可承受轴向载荷

类型及代号	类型代号	结构简图	实物图	主要特性和应用
推力球轴承 51000	5			只能承受单向轴向载荷，不能承受径向载荷，极限转速也较低。推力轴承的套圈不分内圈和外圈，而称为轴圈和座圈。轴圈与轴紧配合并一起旋转，座圈的内径应与轴保持一定间隙，置于机座中。轴圈和座圈与滚动体是分离的
深沟球轴承 60000	6			主要承受径向载荷，也能承受一定的双向轴向载荷，极限转速较高，在转速高而不宜用推力轴承时可用于承受纯轴向载荷。结构紧凑，重量轻，价格低，是应用最为广泛的一种轴承
角接触球轴承 70000C（$\alpha=15°$） 70000AC（$\alpha=25°$） 70000B（$\alpha=40°$）	7			同时承受径向和单向轴向载荷，接触角越大，轴向载荷能力也越大，此轴承有三种规格一般成对使用
推力圆柱滚子轴承 80000	8			只能承受单向轴向载荷，承载能力比推力球轴承大得多，不允许有角偏差
圆柱滚子轴承 N0000	N			径向承载能力是深沟球轴承的 2 倍左右。宜用于轴的刚度较高、轴和孔对中良好的地方。当内圈或外圈都无挡边时，轴可作轴向游动。其他结构有内圈无挡边（NU）、外圈单挡边（NF）、内圈单挡边并带平挡圈（NUP）、双列（NN）圆柱滚子轴承等

12.2.2 滚动轴承的结构特性

1. 公称接触角 α

滚动体和外圈接触处的法线 $n—n$ 与轴承的端面（垂直于轴承轴心线的平面）的夹角 α，

称为**公称接触角**，如图 12-10 所示。α 越大，滚动轴承承受轴向载荷的能力越大。

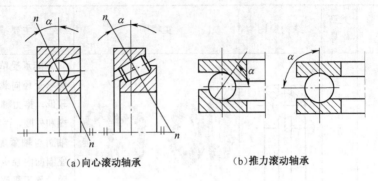

(a)向心滚动轴承　　　　　　　（b)推力滚动轴承

图 12-10　滚动轴承公称接触角

2. 游隙

　　滚动体和内、外圈之间存在一定的间隙，因此，内、外圈之间可以产生相对位移。其最大位移量称为**游隙**，径向的移动量称为**径向游隙**，轴向的移动量称为**轴向游隙**，如图 12-11 所示。游隙的大小对轴承寿命、噪声、温升等有较大影响，应按使用要求进行游隙的选择或调整。

3. 角偏差 θ

　　轴承由于安装误差或轴的变形等都会引起内、外圈中心线发生相对倾斜，轴承内、外圈轴线相对倾斜时所夹锐角，称为**角偏差 θ**，如图 12-12 所示。角偏差 θ 越大，对轴承正常运转影响越大。能自动适应角倾斜的轴承，称为**调心轴承**。

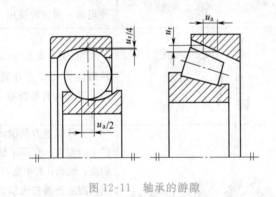

图 12-11　轴承的游隙　　　　　　　　　图 12-12　角偏差

4. 轴承的转速

　　滚动轴承转速过高，温度升高，润滑边界油膜失效，滚动轴承易产生胶合破坏。所以，滚动轴承都有极限转速，它是滚动轴承在一定载荷与润滑条件下，允许的最高转速。

12.2.3　滚动轴承的代号

　　为了表示各类滚动轴承的结构、尺寸、公差等级、技术性能等特征，GB/T 272—1993 规定了滚动轴承代号。滚动轴承代号由基本代号、前置代号及后置代号构成，其排列顺序如下：

| 前置代号 | 基本代号 | 后置代号 |

1. 基本代号

基本代号是轴承代号的基础，用来表示轴承的基本类型、结构和尺寸。基本代号由三部分组成，其排列顺序如下：

$$\boxed{\text{类型代号}} \quad \boxed{\text{尺寸系列代号}} \quad \boxed{\text{内径代号}}$$

（1）类型代号　类型代号用阿拉伯数字（以下简称数字）或大写拉丁字母（简称字母）表示轴承的类型，位于基本代号的最左边，如表12-2所示。个别情况下可以省略。

表 12-2　滚动轴承类型代号

代　号	轴承类型	代　号	轴承类型
0	双列角接触球轴承	7	角接触球轴承
1	调心球轴承	8	推力圆柱滚子轴承
2	调心滚子轴承和推力调心滚子轴承	N	圆柱滚子轴承
3	圆锥滚子轴承		双列或多列用字母 NN
4	双列深沟球轴承	U	外球面球轴承
5	推力球轴承	QJ	四点接触球轴承
6	深沟球轴承		

（2）尺寸系列代号　尺寸系列代号由轴承的宽（高）度系列代号和直径系列代号组合而成。宽（高）度系列表示内径、外径相同而宽（高）度不同的轴承系列；直径系列表示同一内径而不同外径的轴承系列。组合排列时，宽（高）度系列在前，直径系列在后，如表12-3所示。

表 12-3　尺寸系列代号

		向心轴承								推力轴承			
		宽度系列代号								高度系列代号			
直径系列		8	0	1	2	3	4	5	6	7	9	1	2
		宽度尺寸依次递增→								高度尺寸依次递增→			
		尺寸系列代号											
外径尺寸依次递增↓	7	—	—	17		37							
	8	—	08	18	28	38	48	58	68	—	—	—	—
	9	—	09	19	29	39	49	59	69	—	—	—	—
	0	—	00	10	20	30	40	50	60	70	90	10	—
	1	—	01	11	21	31	41	51	61	71	91	11	—
	2	82	02	12	22	32	42	52	62	72	92	12	22
	3	83	03	13	23	33	—	—	—	73	93	13	23
	4	—	04	—	24	—	—	—	—	74	94	14	24
	5	—	—	—	—	—	—	—	—		95		

注：表中"—"表示不存在此组合。

（3）内径代号　内径代号是用两位数字表示轴承的内径，位于基本代号最右边的 1、2 位数字表示轴承内径尺寸，表示方法如表 12-4 所示。

表 12-4　滚动轴承常用内径代号

轴承公称内径/mm		内径代号	示例
10～17	10	00	深沟球轴承 6200
	12	01	
	15	02	$d=10$ mm
	17	03	
20～480（22，28，32，除外）		公称内径除以 5 的商数，商数为个位数，需在商数左边加"0"如 08	调心滚子轴承 232 08 $d=40$ mm
大于和等于 500 以上及 22，28，32		用公称内径毫米数直接表示，但在与尺寸系列之间用"/"分开	调心滚子轴承 230/500 $d=500$ mm 深沟球轴承 62/22 $d=22$ mm

注：此表代号不表示滚针轴承的代号。

2. 前置和后置代号

（1）前置代号表示成套轴承分部件，用字母表示。例如，L 表示可分离轴承的可分离内圈或外圈，K 表示滚子和保持架组件等。

（2）后置代号是轴承在结构形状、尺寸公差、技术要求等方面有改变时，在基本代号右侧添加的补充代号。一般用字母（或字母加数字）表示，与基本代号相距半个汉字距。后置代号共分八组。例如，第一组是内部结构，表示内部结构变化情况，现以角接触球轴承的接触角变化为例，说明其标含义：

①角接触球触承，公称接触角 $\alpha=40°$，代号标注：7210 B。

②角接触球触承，公称接触角 $\alpha=25°$，代号标注：7210 AC。

③角接触球触承，公称接触角 $\alpha=15°$，代号标注：7005 C。

又如，后置代号中第五组为公差等级，滚动轴承的公差等级分为 0、6、6X、5、4、2 等 6 级，其中 2 级精度最高，0 级精度最低。标记方法为在轴承代号后写/P0，/P6，/P6X，/P5，/P4，/P2 等，如 6208//P6。0 级精度为普通级，应用最广，其代号通常可不标。前、后置代号及其他有关内容，详见《滚动轴承产品样本》。

12.2.4　滚动轴承基本代号标记示例

国家标准 GB/T 272—1993《滚动轴承代号方法》规定了滚动轴承代号的表示方法，并将轴承的代号打印在轴承的端面上。

示例：轴承代号 62203

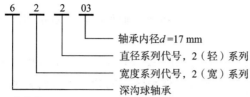

示例：轴承代号 7312 AC/P6

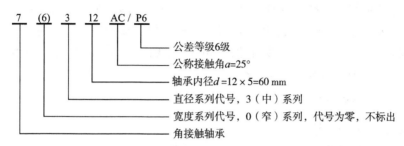

12.2.5 滚动轴承类型、特点及选择

1. 选择轴承类型应考虑的因素

选择轴承类型时，应考虑以下几个方面的因素：

（1）轴承工作载荷的大小、方向和性质。

（2）轴承转速的高低。

（3）轴颈和安装空间允许的尺寸范围。

（4）对轴承提出的特殊要求。

2. 选择滚动轴承的一般原则

选择滚动轴承时，一般要遵巡以下几个原则：

（1）球轴承与同尺寸和同精度的滚子轴承相比，它的极限转速和旋转精度较高，因此更适用于高速或旋转精度要求较高的场合。

（2）滚子轴承比同尺寸的球轴承的承载能力大，承受冲击载荷的能力也较高，因此适用于重载及有一定冲击载荷的地方。

（3）非调心的滚子轴承对于轴的挠曲敏感，因此这类轴承适用于刚性较大的轴和能保证严格对中的地方。

（4）各类轴承内、外圈轴线相对偏转角不能超过许用值，否则会使轴承寿命降低，故在刚度较差或多支点轴上，应选用调心轴承。

（5）推力轴承的极限转速较低，因此在轴向载荷较大和转速较高的装置中，应采用角接触球轴承。

（6）当轴承同时受较大的径向和轴向载荷且需要对轴向位置进行调整时，宜采用圆锥滚子轴承。

（7）当轴承的轴向载荷比径向载荷大很多时，采用向心和推力两种不同类型轴承的组合来分别承担轴向和径向载荷，其效果和经济性都比较好。

（8）考虑经济性，球轴承比滚子轴承价格便宜；公差等级越高，价格越贵。

12.2.6 滚动轴承的密封

密封的目的是防止灰尘、水分和杂物侵入轴承内，并阻止润滑剂的流失，常用的密封方式有接触式和非接触式两类。

(1) 接触式密封靠毡圈或皮碗［见图 12-13（a）、（b）］等弹性材料与轴紧密接触来实现密封。毡圈密封适用于圆周速度 $v < 4 \sim 5$ m/s 的场合。皮碗密封适用于 $v < 10$ m/s 的脂或油润滑。

(2) 非接触式密封（间隙式密封）［见图 12-13（c）］间隙 δ 在 0.1 mm～0.3 mm 可填润滑脂以增加密封效果。这种方式适用于 $v < 5 \sim 6$ m/s 的脂或油润滑。还有的做成迷宫式密封，其效果较好，这种方式圆周速度可达 30 m/s ［见图 12-13（d）］，有时可将几种密封组合起来使用，效果极佳［见图 12-13（e）］。

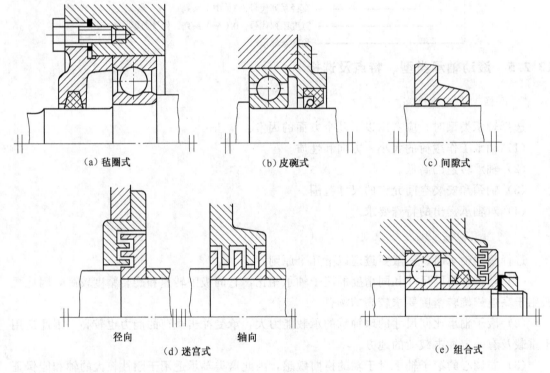

（a）毡圈式　　　　　　　（b）皮碗式　　　　　　　（c）间隙式

径向　　　　轴向
（d）迷宫式　　　　　　　　　　　　（e）组合式

图 12-13　轴承的密封

习　题

1. 填空题

(1) 滑动轴承摩擦状态分为_____状态、_____状态和_____状态。

(2) 根据承受载荷方向的不同，滑动轴承可分为_____轴承和_____轴承。

(3) 轴承是支承_____的部件，用来引导轴作_____运动，保证轴的_____精度。

（4）轴颈相对于支座孔作相对滑动摩擦转动称为_____轴承。

（5）只能承受径向载荷的滑动轴承称为_____轴承。

（6）轴瓦材料要求是良好的减_____性、耐_____性和抗_____性。

（7）润滑目的在于_____摩擦，_____磨损，_____轴承效率。

（8）润滑还有_____散热、_____吸振、_____封和防_____的作用。

（9）典型的滚动轴承由_____、_____、_____和_____组成。

（10）公称接触角越大，滚动轴承承受轴向载荷的能力就越_____。

（11）滚动轴承的基本代号由_____代号、_____代号和_____代号构成。

（12）轴承 6205 表示轴承类型为_____轴承，内径_____mm，直径系列为_____。

（13）轴承 7308 表示轴承类型为_____轴承，内径_____mm，直径系列为_____。

（14）轴承 3410 表示轴承类型为_____轴承，内径_____mm，直径系列为_____。

（15）轴的中心线与轴承座孔中心线有偏差时选用_____轴承。

（16）密封按照其原理不同可分为_____密封和_____密封两大类。

2. 判断题

（1）轴承用来引导轴作旋转运动，并承受由轴传给机架的载荷。　　（　　）

（2）液体摩擦状态是滑动轴承工作的最理想状态。　　（　　）

（3）整体式滑动轴承结构简单、造价低、装配方便。　　（　　）

（4）只能承受轴向载荷的滑动轴承称为径向滑动轴承。　　（　　）

（5）滑动轴承结构简单，易于制造，可以剖分，便于拆装。　　（　　）

（6）滑动轴承有良好的耐冲击和吸振性能，运转平稳，旋转精度较高，寿命长。（　　）

（7）滚动轴承的优点是摩擦阻力小、启动灵敏、效率高、运转精度较高。　　（　　）

（8）典型的向心滚动轴承由外圈、内圈、滚动体和保持架组成。　　（　　）

（9）滚动轴承的外圈装在支座孔内，常采用间隙或过渡配合。　　（　　）

（10）滚动轴承的内圈装在轴颈上，常采用过盈配合。　　（　　）

（11）滚动轴承的保持架使滚动体均匀分布隔开，避免相邻滚动体之间的接触。（　　）

（12）滚子轴承比球轴承的承载能力和抗冲击能力大。　　（　　）

（13）球轴承比滚子轴承便宜，在能满足需要的情况下应优先选用球轴承。　　（　　）

（14）相同尺寸的滚子轴承的承载能力大于球轴承的承载能力。　　（　　）

（15）毛毡圈密封用于脂润滑、油润滑效果都好。　　（　　）

3. 选择题

（1）两摩擦表面被形成的极薄边界油膜部分隔开的是_____。

A. 干摩擦状态　　　　B. 边界摩擦状态　　　　C. 液体摩擦状态

（2）两摩擦表面的润滑状态可以减小摩擦、减轻磨损的是_____。

A. 干摩擦状态　　　　B 边界摩擦状态　　　　C 液体摩擦状态

（3）径向接触滚动轴承中_____。

A. $\alpha=0°$ B. $0°<\alpha\leqslant45°$ C. $45°<\alpha<90°$

(4) 向心角接触滚动轴承包括_____。

  A. 圆柱滚子轴承 B. 圆锥滚子轴承 C. 推力球轴承

(5) 滚动轴承受纯径向载荷，应选用_____。

  A. 深沟球轴承   B. 推力球轴承   C. 推力角接触轴承

(6) 滚动轴承受径向载荷较大，轴向载荷较小时，应选用_____。

  A. 圆柱滚子轴承 B. 角接触球轴承 C. 推力球轴承

(7) 滚动轴承受径向载荷和轴向载荷均较大，应选用_____。

  A. 深沟球轴承   B. 圆锥滚子轴承 C. 推力球轴承

(8) 滚动轴承受纯轴向载荷，应选用_____。

  A. 推力角接触轴承 B. 角接触球轴承 C. 推力球轴承

第13章 联轴器、离合器和制动器

学习目标

1. 了解联轴器、离合器和制动器的功用、分类及特点。

2. 熟悉联轴器与离合器的区别，掌握几种常用的联轴器，离合器和制动器的结构及使用场合。

3. 能根据工作条件选择合适的联轴器、离合器或制动器。

知识点

1. 联轴器、离合器和制动器的功用及特点。

2. 根据工作条件选择合适的联轴器、离合器或制动器。

相关链接

联轴器、离合器和制动器是机械中常用的部件、联轴器是一种固定连接装置、而离合器则是一种能随时将两轴结合成或分离的可动连接装置。

万向联轴器（模型）　　　　　　　　多盘式磨擦离合器

13.1 联 轴 器

联轴器是连接两轴使其一同回转并传递转矩的一种部件。其主要功用是实现轴与轴之间的连接，并传递转矩，有时也可作为安全装置，以防止机械过载。

联轴器连接的两轴之间，由于制造和安装误差、受载和受热后的变形以及传动过程中的振动等因素，常产生轴向、径向、偏角、综合等位移，如图 13-1 所示。因此联轴器应具有补偿轴线偏移和缓冲、吸振的能力。

联轴器按有无弹性元件可分为刚性联轴器和弹性联轴器两类。

（1）刚性联轴器　适用于两轴能严格对中并在工作中不发生相对位移的地方。其无弹性元件，不能缓冲吸振；按能否补偿轴线的偏移又可分为固定式刚性联轴器和可移动式刚性联轴器。

（2）弹性联轴器　适用于两轴有偏斜时的连接如图 13-1 所示。弹性联轴器不仅能在一定范围内补偿两轴线间的位移，还具有缓冲、吸振的作用。

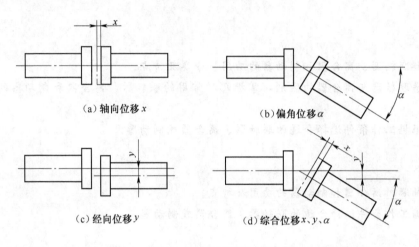

（a）轴向位移 x　　　　　（b）偏角位移 α

（c）经向位移 y　　　　　（d）综合位移 x、y、α

图 13-1　轴线的相对位移

13.1.1　刚性联轴器

只有在载荷平稳，转速稳定，能保证被联两轴轴线相对偏移极小的情况下，才可选用刚性联轴器。在先进工业国家中，刚性联轴器已被淘汰。

1. 固定式刚性联轴器

（1）套筒联轴器　**套筒联轴器**是利用公用套筒并通过键、花键或销等将两轴连接，如图 13-2 所示。其结构简单、径向尺寸小、制作方便，但装配拆卸时需作轴向移动，仅适用于两轴直径较小、同轴度较高、轻载荷、低转速、无振动、无冲击、工作平稳的场合。

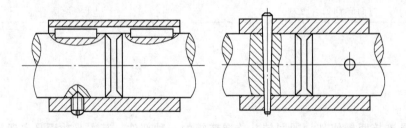

图 13-2　套筒联轴器

（2）凸缘联轴器　**凸缘联轴器**是刚性联轴器中应用最广泛的一种，其由两个带凸缘的半联轴器组成，两个半联轴器通过键与轴连接，螺栓将两半联轴器构成一体进行动力传递，如图 13-3 所示。其结构简单、价格简单、维护方便、能传递较大的转矩，要求两轴必须严格对中。由于没有弹性元件，故不能补偿两轴的偏移，也不能缓冲、吸振。

图 13-3　凸缘联轴器

（3）夹壳联轴器　**夹壳联轴器**由纵向剖分的两半筒形夹壳和连接它们的螺栓组成，靠夹壳与轴之间的摩擦力或键来传递转矩，如图 13-4 所示。由于这种联轴器是剖分结构，在装卸时不用移动轴，所以使用起来很方便。夹壳材料一般为铸铁，少数用钢。

夹壳联轴器主要用于低速、工作平稳的场合。

图 13-4　夹壳联轴器

2. 可移动式刚性联轴器

（1）十字头滑块联轴器　**十字滑块联轴器**由两个端面上开有凹槽的半联轴器和一个两面上都有凸榫的十字滑块组成，两凸榫的中线互相垂直并通过滑块的轴线，如图 13-5 所示。工作时若两轴不同心，则中间的十字滑块在半联轴器的凹槽内滑动，从而补偿两轴的径向位移。适用于轴线间相对位移较大，无剧烈冲击且转速较低的场合。

图 13-5　十字头滑块联轴器

（2）齿式联轴器　**齿式联轴器**由两个具有外齿和凸缘的内套筒和两个带内齿及凸缘的外套筒组成，如图 13-6 所示。用螺栓相联，外套筒内储有润滑油。联轴器工作时通过旋转将润滑油向四周喷洒以润滑啮合齿轮，从而减小啮合齿轮间的摩擦阻力，降低作用在轴和轴承上的附加载荷。

齿式联轴器结构紧凑，有较大的综合补偿能力，由于是多齿同时啮合，故承载能力大，工作可靠，但其制造成本高，一般用于起动频繁，经常正、反转，传递运动要求准确的场合。

图 13-6　齿式联轴器

（3）万向联轴器　**万向联轴器**由两个轴叉分别与中间的十字轴以铰链相联而成，万向联轴器两端间的夹角可达 45°，如图 13-7 所示。单个万向联轴器工作时，即使主动轴以等角速度转动，从动轴也可作变角速度转动，从而会引起动载荷。为了消除上述缺点，常将万向联轴器成对使用，以保证动轴与主动轴均以同一角速度旋转，这就是双万向联轴器。

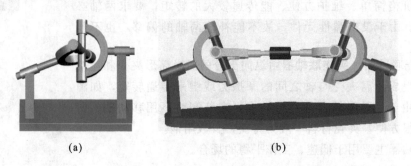

(a)　　　　　　　　　　　　　(b)

图 13-7　万向联轴器（模型）

13.1.2　弹性联轴器

1. 弹性套柱销联轴器

弹性套柱销联轴器（见图 13-8）的结构与凸缘联轴器相似，也有两个带凸缘的半联轴器分别与主、从动轴相联，采用了带有弹性套的柱销代替螺栓进行连接。这种联轴器制造简单、拆装方便、成本较低，但弹性套易磨损，寿命较短，适用于载荷平稳，需正、反转或起动频繁，传递中小转矩的轴。

图 13-8　弹性套柱销联轴器

2. 弹性柱销联轴器

弹性柱销联轴器（见图 13-9）采用尼龙柱销将两个半联轴器连接起来，为防止柱销滑出，在两侧装有挡圈。该联轴器与弹性套柱销联轴器结构类似，更换柱销方便，对偏移量的补偿不大，其应用与弹性套柱销联轴器类似。

图 13-9　弹性柱销联轴器

13.1.3　联轴器的选择

常用联轴器的种类很多，大多数已标准化和系列化，一般不需要设计，直接从标准中选用即可。选择联轴器的步骤是：先选择联轴器的类型，再选择型号。

1. 联轴器类型的选择

联轴器的类型应根据机器的工作特点和要求，结合各类联轴器的性能，并参照同类机器的作用来选择。

两轴的对中要求较高，轴的刚度大，传递的转矩较大，可选用套筒联轴器或凸缘联轴器。

当安装调整后，难以保持两轴严格精确对中、工作过程中两轴将产生较大的位移时，应选用有补偿作用的联轴器。例如，当径向位移较大时，可选用十字滑块联轴器，角位移较大时或相交两轴的连接可用万向联轴器等。

两轴对中困难、轴的刚度较小、轴的转速较高且有振动时，则应选用对轴的偏移具有补偿能力的弹性联轴器；特别是非金属弹性元件联轴器，由于具有良好的综合性能，广泛适用于一般中小功率传动。

对大功率的重载传动，可选用齿式联轴器；对严重冲击载荷或要求消除轴系扭转振动的传动，可选用轮胎式联轴器等具有较高弹性的联轴器。

在满足使用性能的前提下，应选用拆装方便、维护简单、成本低的联轴器。例如，刚性联轴器不但简单，而且拆装方便，可用于低速、刚性大的传动轴。

2. 联轴器型号的选择。

联轴器的型号是根据所有传递的转矩、轴的直径和转速，从联轴器标准中选用的。具体选择参见有关资料。

13.2　离　合　器

离合器也是连接两轴使其一同回转并传递转矩的一种部件。其主要功用是实现轴与轴之间的连接，并传递转矩，有时也可作安全装置，以防止机械过载。

联轴器与离合器的区别在于：联轴器只有在机械停转后才能将连接的两轴分离，离合器则可以在机械的运转过程中根据需要使两轴随时接合或分离。

离合器在工作时需要随时分离或接合被连接的两根轴，不可避免地受到摩擦、发热、冲击、磨损等。因而要求离合器接合平稳，分离迅速，耐磨损，寿命长。

离合器按其传动原理，可分为嵌合式离合器和摩擦式离合器两大类。前者利用接合元件的啮合来传递转矩，后者则依靠接合面间的摩擦力来传递转矩。

嵌合式离合器的主要优点是结构简单，外廓尺寸小，传递的转矩大，但接合只能在停车或低速下进行。

摩擦式离合器的主要优点是接合平稳，可在较高的转速差下接合，但接合中摩擦面间必将发生相对滑动，这种滑动要消耗一部分能量，并引起摩擦面间的发热和磨损。

离合器按其实现离、合动作的过程可分为操纵式和自动式离合器。根据其工作原理可分为牙嵌式离合器和摩擦离合器。

13.2.1 牙嵌式离合器

牙嵌式离合器主要由两个半离合器组成，半离合器的端面加工有若干个嵌牙。其中一个半离合器固定在主动轴上，另一个半离合器用导向键与从动轴相联。在半离合器上固定有对中环，从动轴可在对中环中自由转动，通过滑环的轴向移动来操纵离合器的接合和分离，如图 13-10 所示。

牙嵌式离合器结构简单、外廓尺寸小，两轴向无相对滑动，转速准确，转速差大时不易接合。

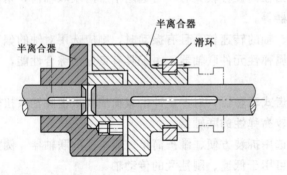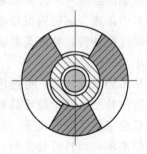

图 13-10　牙嵌式离合器

13.2.2 摩擦离合器

摩擦离合器可分为单盘式、多盘式摩擦离合器。

1. 单盘式摩擦离合器

单盘式摩擦离合器是由两个半离合器 1、2 组成。工作时两离合器相互压紧，靠接触面间产生的摩擦力来传递转矩，如图 13-11（a）所示平面接触单盘式摩擦离合器；如图 13-11（b）所示锥面接触单盘式摩擦离合器，其接触面为锥面，锥面能传递更大的转矩。这种离合器结构简单、传递转矩较小。

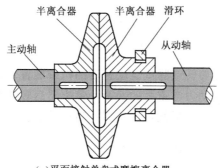

（a）平面接触单盘式摩擦离合器

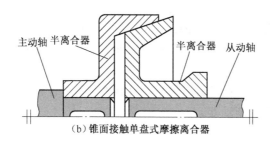

（b）锥面接触单盘式摩擦离合器

图 13-11　单盘式摩擦离合器

2. 多盘式摩擦离合器

多盘式摩擦离合器（见图 13-12），优点是径向尺寸小而承载能力大，联接平稳适用的载荷范围大，应用较广；其缺点是盘数多，结构复杂，离合动作缓慢，发热磨损较严重。

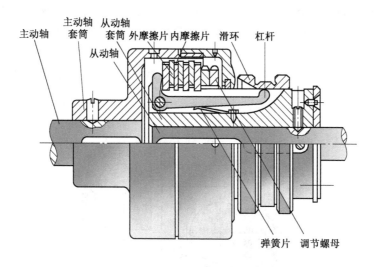

图 13-12　多盘式摩擦离合器

13.3　制　动　器

制动器是迫使机器迅速停转或降低运动速度的机械装置。其利用摩擦副中产生的摩擦力矩实现制动作用，或者利用动力与重力的平衡，使机器运转速度保持恒定。为了减小制动力矩和制动器的尺寸，通常将制动器配置在机器的高速轴上。

13.3.1　制动器的类型及特点

1. 按制动器的工作状态分

按制动器的工作状态，可分为两种：

（1）常开式　经常处于松闸状态，必须施加外力才能实现制动。如各种车辆的主制动器则采用常开式。

（2）常闭式　经常处于合闸即制动状态，只有施加外力才能解除制动状态。如起重机械中的提升机构常采用常闭式制动器。

2. 按操纵方式分

按操纵方式，可分为手动、自动和混合式三种。

3. 按制动器的结构特征分

按制动器的结构特征，主要分为块式制动器、带式制动器、盘式制动器、磁粉制动器、磁涡流制动器等。下面介绍两种常见制动器的基本结构形式。

（1）块式制动器　块式制动器靠瓦块 5 与制动轮 6 间的摩擦力来制动。如图 13-13 所示，通电时，由电磁线圈 1 的吸力吸住衔铁 2，再通过一套杠杆使瓦块 5 松开，机器便能自由运转。当需要制动时，则切断电流，电磁线圈释放衔铁 2，依靠弹簧 4 并通过杠杆 3 使瓦块抱紧制动轮。

该制动器也可设计为在通电时起制动作用，但为安全起见，通常设计为在断电时起制动作用。

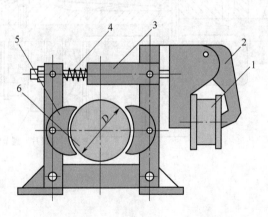

图 13-13　块式制动器

（2）带式制动器　带式制动器是由包在制动轮上的制动带与制动轮之间产生的摩擦力矩来制动的。如图 13-14 所示，当杠杆 3 上作用外力 Q 后，收紧闸带 2 而抱住制动轮 1，靠带与轮间的摩擦力达到制动目的。

为了增加摩擦作用，耐磨并易于散热，闸带材料一般为钢带上覆以夹铁砂帆布或金属纤维增强的聚合物材料。带式制动器结构简单，径向尺寸紧凑。

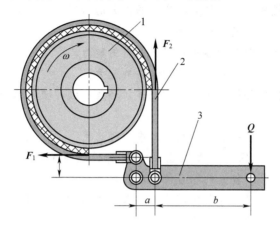

图 13-14　带式制动器

13. 3. 2　制动器的选择

一般情况下，选择制动器的类型和尺寸，主要考虑以下几点：
（1）制动器与工作机的工作性质和条件相配。
（2）制动器的工作环境。
（3）制动器的转速。
（4）惯性矩。

一些应用广泛的制动器，已标准化，有系列产品可供选择。额定制动力矩是表征制动器工作能力的主要参数，制动力矩是选择制动器型号的主要依据，所需制动力矩根据不同机械设备的具体情况确定。

问题思考

1. 常用联轴器有哪些类型？
2. 选用联轴器应考虑哪些因素？
3. 常用离合器有哪些类型？
4. 联轴器和离合器的功用有何相同点和不同点？

1. 判断题

（1）离合器只有在机器停止运转并把离合器拆开的情况下，才能把两轴分开。

（2）联轴器能随时将两轴接合或分离。

（3）联轴器要求具体补偿两轴各种位移和偏斜的能力。

（4）刚性固定式联轴器具有补偿位移和偏斜的能力。

（5）弹性联轴器不仅能补偿两轴线间的位移，还具有缓冲减振的作用。

2. 选择题

（1）若要轴刚性较好，且安装时能精确对中，可选用＿＿＿＿＿＿。

    A. 凸缘联轴器　　　B. 齿式联轴器　　　C. 弹性柱销联轴器

（2）若传递扭矩大，补偿较大的综合位移应选用＿＿＿＿＿＿。

    A. 万向联轴器　　　B. 齿式联轴器　　　C. 十字滑块联轴器

（3）若补偿较大的径向位移应选用＿＿＿＿＿＿。

    A. 万向联轴器　　　B. 齿式联轴器　　　C. 十字滑块联轴器

（4）若补偿较大的角度位移应选用＿＿＿＿＿＿。

    A. 万向联轴器　　　B. 齿式联轴器　　　C. 十字滑块联轴器

（5）对中困难，轴的刚度性差，传动的转矩不大，需要缓冲吸震应选用＿＿＿＿＿＿。

    A. 凸缘联轴器　　　B. 齿式联轴器　　　C. 弹性柱销联轴器

第14章 实 训

实训一 材料的拉伸（压缩）机械性能测试

1. 实训设备

万能材料实验机一台。

2. 标准试件

低碳钢（塑性）铸铁（脆性）各一根。

3. 实训目的

（1）观察低碳钢、铸铁试件在拉伸、压缩全过程中的各种现象。

（2）了解实验全过程中，拉力与变形得到关系，绘制 $P-\Delta L$ 的拉伸压缩曲线图。

（3）测定低碳钢的几个主要拉伸的指标，比例极限 σ_P 屈服极限 σ_S 强度极限 σ_b 延伸率 δ 和载面收缩率 ψ，以及铸铁的强度极限 σ_{b1}

4. 实训过程

（1）试件尺寸记录

材料	原始（断后）尺寸				截面面积（mm²）	
	标距 L（mm）		直径 d（mm）			
	L_0	L_1	d_0	d_1	A_0	A_1
低碳钢（拉伸）						
铸铁（拉伸）						
铸铁（压缩）						

（2）实验记录

实验数据

材料	弹性变形时最大载荷 F_P（kN）	屈服载荷 F_S（kN）	断裂载荷 F_b（kN）
低碳钢			
铸铁			

实验图象记录

材料 图象	低碳钢（拉伸）	铸铁（压缩）
$\sigma-\varepsilon$ 图象	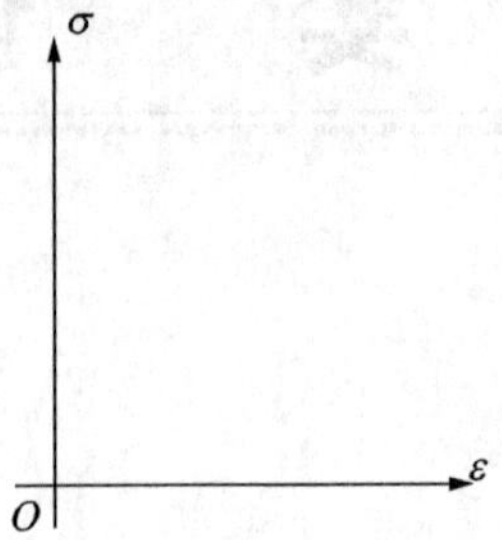	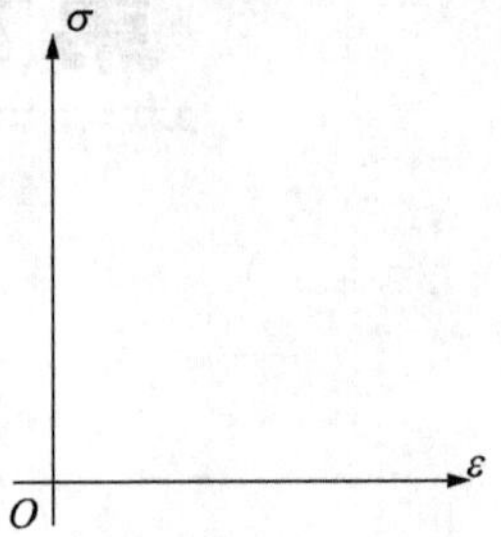
断口形状		

（3）计算结果

应力 $\sigma = \dfrac{F_N(N)}{A_0}$ （MPa）

伸长率 $\delta = \dfrac{L_1 - L_0}{L_0} \times 100\%$

截面收缩率 $\psi = \dfrac{A_0 - A_1}{A_0} \times 100\%$

低碳钢：

比例极限 $\sigma_P -$

屈服极限 $\sigma_S -$

强度极限 $\sigma_b -$

伸长率 $\delta -$

截面收缩率 $\psi -$

铸　铁：

强度极限 $\sigma_{by} -$

实训 2　自行车拆装实训

1. 实训目的

（1）加深对零件、通用零件、构件、组件、运动副、链传动等基本概念的理解。

（2）认识和掌握螺纹的主要参数、连接的类型、螺纹连接件、防松的方法。

（3）认识链传动的结构、链轮的构造、链条的类型、节矩、传动比、链传动的张紧。

（4）识别前、后轮轴的轴承结构、滚动体的形状、轴承的安装、润滑。

2. 实训设备和工具

（1）自行车若干辆。

（2）可调式板手 2 把。

（3）锤子 1 把。

（4）游标卡尺 1 把。

（5）其他工具若干。

3. 实训步骤

（1）拆开前轮的连接，并从前叉上拿下。观察前轮与前叉之间的连接及防松的方式。

（2）将前轴挡拧下，轴辊从轴管内拿出，取出滚珠，擦干净轴碗，抹上新黄油，装轴辊，两侧露出的长度要相等，拧入轴挡，用板手先将轴挡拧紧，然后放松半圈或一圈，使滚动轴承有一定的游隙，使车轮活动自如，敲紧内防尘盖，拧入内垫片，紧靠轴挡，将车轮装入前叉嘴上，在装入挡泥板支棍、外垫圈套入前轴，旋入螺母，扶正前车轮，用板手再拧紧螺母。

装拆过程中观察前轮的轴承结构及润滑方式。

（3）后轮拆卸时，先调松可调螺栓，松开链条，拿下后轮，其他过程与前轮相同。装拆过程中观察各零件的连接方式，链传动的特点，张紧的方法及润滑。

（4）拆左曲柄销，用板手将曲柄销螺母退到曲柄销的上端面与销的螺纹相平，用锤子猛力冲击带螺母的曲柄销，使曲柄松动后将螺母拧下，用钢冲冲下曲柄，取下左曲柄。用扳手将中轴销母顺时针拧下，用螺丝刀撬下固定垫，钢冲冲下中轴挡。

4. 实训注意事项

（1）后轴的零件比较多，拆卸后的零件要按顺序码放，避免安装时漏装或错装。

（2）拆装时切忌敲打，以免损坏自行车，避免拉断链条。

（3）拧螺母时要对正，不要损害轴上的螺纹。

5. 实训报告

表 1　拆装的零部件

标准零件	
通用零件	
构件	
运动副	

表 2　螺纹连接实训报告

螺纹数据 连接处	螺纹 连接类型	螺纹 连接件	螺纹 公称直径	螺纹线数 螺纹牙类型	螺纹的 螺距	螺纹的 长度	防松的 方法
前轮与前叉连接 后轮与车架连接							
车把与前叉连接							
车座与车架连接							
脚蹬与曲柄连接							

表 3　链传动实训报告

链传动的基本参数	主动大链轮的参数 z_1	从动小链轮的参数 z_2	链传动的传动比 i_{12}	链条的类型	链条的节矩	链条的节数	链条的排数

6. 回答问题

(1) 大链轮与中轴的连接方式＿＿＿＿＿＿＿＿＿＿＿＿＿＿＿＿＿＿＿＿＿。

(2) 小链轮与后轴的连接方式＿＿＿＿＿＿＿＿＿＿＿＿＿＿＿＿＿＿＿＿＿。

(3) 链条的接头形式＿＿＿＿＿＿＿＿＿＿＿＿＿＿＿＿。

(4) 链条的张紧方法＿＿＿＿＿＿＿＿＿＿＿＿＿。

(5) 链条松紧度的判断：

①按图 14-1 测量中心距 $a=$＿＿＿＿＿＿＿ mm。

②理论垂度公式 $f=(0.01-0.02)\times a=$＿＿＿＿＿

＿＿＿ mm。

③链条的实际垂度 $f_{实}=$＿＿＿＿＿＿＿ mm。

④判断链条的松紧度＿＿＿＿＿＿（松或紧）。

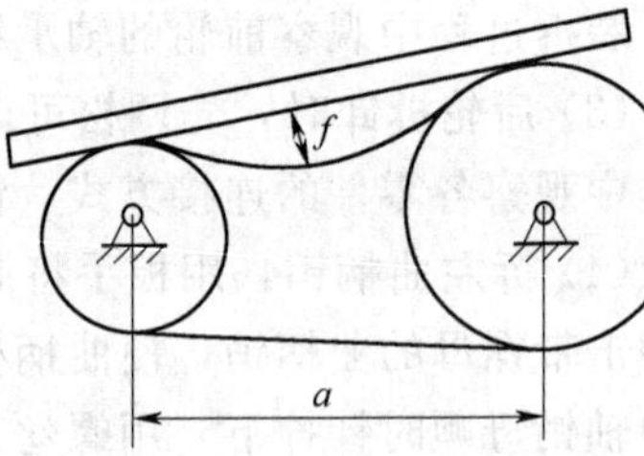

图 14-1　链条

实训 3　渐开线直齿圆柱齿轮参数测定

1. 实训目的

掌握渐开线直圆柱齿轮基本参数的测定方法。

2. 实训内容

用普通量具（千分尺）测得渐开线齿轮有关尺寸，按所测的尺寸通过一定计算，确定齿轮的各基本参数：（m、a、h_a^*、c^*、z、x）；一对渐开线直齿圆柱齿轮啮合的基本参数有：啮合角 a'、中心距 a。

3. 实训设备和工具

(1) 一对齿轮（齿数为奇数和偶数的各 1 个）。

(2) 游标卡尺 1 把。

(3) 计算器/草稿纸（学生自备）。

4. 实训原理和方法

(1) 测定公法线长度。

对于渐开线直齿圆柱齿轮，根据渐开线法线必切于基圆的性质（见图 14-2），可知基圆切线 AB 与齿廓切线垂直。因此选择一定的跨齿数，使游标卡尺爪 1 和 2 与齿轮齿廓切于 A 和 B 点。切点不要过于靠近齿顶，也不要于靠近齿根，最好在齿的中部，其跨齿数 k 不能随意确定，可由表 14-1 中查出。测得 $AB-W_k$，称为公法线长度，其公法线长度计算公式为

$$W_k - (k-1) P_b + s_b$$

式中：　　　P_b——标准齿轮基圆周节；

$\qquad\qquad s_b$——标准齿轮基圆齿厚；

$\qquad\qquad k$——跨齿数。

同理，若跨 $k+1$ 个时，其公法线长度为

$$W_{k+1} - kP_b + s_b$$

与标准齿轮相比，变位齿轮的齿厚发生了变化，所以它的公法线长度与标准齿轮的公法线长度不相等，两者之差就是公法线长度的增量，它等于 $2xm \sin \alpha$。变位齿轮的公法线有：

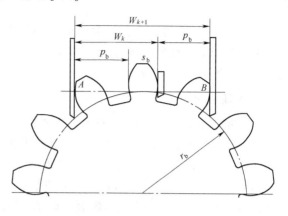

图 14-2　公法线测量

$$W_{kx} = (k-1) p_b + s_b + 2xm \sin \alpha$$
$$W_{kx+1} = kp_b + s_b + 2xm \sin \alpha$$

（2）确定齿轮的模数和压力角 α

由上述可得：$W_{kx+1} - W_{kx} = P_b$，又因 $P_b = p \cos\alpha = \pi m \cos \alpha$ 所以

$$m = \frac{W_{kx+1} - W_{kx}}{\pi \cos \alpha}$$

α 可能是 $15°$，也可能是 $20°$，故分别用 $15°$ 和 $20°$ 代入式中算出模数，取模数最接近标准值的组和，即为所求齿轮的模数和压力角。

（3）确定齿轮的变位系数。

设 W_{kx} 为变位齿轮跨 k 个齿的公法线长度，W_k 为同样 m、z、α 的标准齿轮跨 k 个齿的公法线长度。

有：$W_{kx} - W_k = 2xm \sin \alpha$

由此可得变位系数：

$$x = \frac{W_{kx} - W_k}{2m \sin \alpha}$$

其中 $W_k = W'm$，而 W' 由表 14-1 查出。

（4）测定齿高系数 h_a^* 和齿顶隙系数 c^*。

为了测定 h_a^* 和 c^* 应先测出齿根高 h_f，这可由齿根圆直径算出。对于齿数为偶数的齿轮，可用游标卡尺直接测出；对于齿数为奇数的齿轮，则需用间接法进行测量。由图 14-3 由此可求得齿根圆直径 $d_f = d_k + 2H_f$。

由齿根圆直径 $d_f = mz - 2h_f$

得齿根高：$h_f = \dfrac{mz - d_f}{2}$

而变位齿轮齿根高的计算公式为

$h_f = m (h_a^* + c^* - x)$

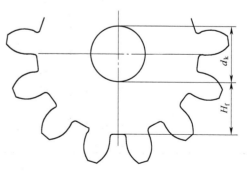

图 14-3　齿轮

得到：$h_a^* + c^* = \dfrac{mz - d_f}{2m} + x$

其中仅 h_a^*、c^* 为未知。因为不同齿制的 h_a^*、c^* 都是已知的标准值，故以正常齿制 $h_a^* = 1$；$c^* = 0.25$ 和短齿制 $h_a^* = 0.8$；$c^* = 0.3$ 两组标准值代入上式，哪一组最接近于测定值，则那一组 h_a^*、c^* 即为所求。

5. 实训步骤

（1）测定齿数 z：在被测齿轮上直接数得齿轮的齿数。

（2）齿轮在测量公法线长度时，必须保证卡尺与齿廓渐开线相切，若卡入 $k+1$ 齿时不能保证这一点，需调整卡入齿数为 $k-1$ 而 $W_{kx} - W_{kx-1} = P_b$。

（3）测量公法线长度 W_{kx} 和 W_{kx+1} 及齿根圆直径 d_f 中心距 a'，读数精度至 0.01 mm 每个尺寸应测量三次，记入实验报告附表，取其平均值作为测量结果。

（4）逐个计算齿轮的参数，记入实验报告附表。

表 14-1　标准直齿圆柱齿轮的跨齿数 k 及公法线长度 W'（$m = 1$ mm，$\alpha = 20°$）

齿数	跨越齿数	$m=1$ 的公法线长	齿数	跨越齿数	$m=1$ 的公法线长	齿数	跨越齿数	$m=1$ 的公法线长
16	2	4.652 3	41	5	13.858 8	66	8	23.065 4
17	2	4.666 3	42	5	13.872 8	67	8	23.079 4
18	3	7.632 4	43	5	13.886 8	68	8	23.093 4
19	3	7.646 4	44	5	13.900 8	69	8	23.107 4
20	3	7.660 4	45	6	16.867 0	70	8	23.121 4
21	3	7.674 4	46	6	16.881 0	71	8	23.135 4
22	3	7.688 5	47	6	16.895 0	72	9	26.101 5
23	3	7.702 5	48	6	16.909 0	73	9	26.115 5
24	3	7.716 5	49	6	16.923 0	74	9	26.129 5
25	3	7.730 5	50	6	16.937 0	75	9	26.143 5
26	3	7.744 5	51	6	16.951 0	76	9	26.157 5
27	4	10.710 6	52	6	16.965 0	77	9	26.171 5
28	4	10.724 6	53	6	16.979 0	78	9	26.185 5
29	4	10.738 6	54	7	19.945 2	79	9	26.199 6
30	4	10.752 6	55	7	19.959 2	80	9	26.213 6
31	4	10.766 6	56	7	19.973 2	81	10	29.179 7
32	4	10.780 6	57	7	19.987 2	82	10	29.193 7
33	4	10.794 6	58	7	20.001 2	83	10	29.207 7
34	4	10.808 6	59	7	20.015 2	84	10	29.221 7
35	4	10.822 7	60	7	20.029 2	85	10	29.235 7
36	5	13.788 8	61	7	20.043 2	86	10	29.249 7
37	5	13.802 8	62	7	20.057 2	87	10	29.263 7
38	5	13.816 8	63	8	23.023 3	88	10	29.277 7
39	5	13.830 8	64	8	23.037 3	89	10	26.291 7
40	5	13.844 8	65	8	23.051 3	90	11	32.257 9

6. 实训报告

渐开线直齿圆柱齿轮几何参数测定与分析实训报告

学生姓名							组别		
实验日期		成绩					指导教师		
测量数据	齿轮编号								
	齿数 z								
	跨齿数 k								
	测量次数	1	2	3	平均值	1	2	3	平均值
	k 个齿公法长度 W_{kx}								
	$k+1$ 个齿公法线长度 W_{kx+1}								
	孔径 d_{k1}								
	孔径 d_{k2}								
	奇数齿轮的 H_f								
	齿根圆直径 d_f								
	尺寸 b								
计算数据	模数 m								
	压力角 α								
	标准齿轮的公法线 W_k								
	变位系数 x								
	齿顶高系数 h_a^*								
	顶隙系数 c^*								
	分度圆直径 d								
	中心距 a'								

7. 思考题

（1）通过两个齿轮的参数测定，试判别该对齿轮能否相啮合。如果能，则进一步判别其传动类型是什么？

（2）在测量齿根圆直径 d_f 时，对齿轮为偶数和奇数的齿轮在测量方法上有何不同？

（3）公法线长度的测量是根据渐开线的什么性质？

实训 2   渐开线齿轮范成原理

1. 实训目的

（1）了解范成法切制开线齿轮的原理。

（2）了解标准齿轮和变位齿轮齿形的差别。

（3）了解变位系数与齿轮产生根切现象的关系。

2. 实训原理

本实训是用渐开线齿廓范成仪来模拟用范成法采用齿条刀具切制渐开线齿轮的加工过程，其范成仪结构如图14-4所示，其中图上标注的是：

1—范成仪机架；

2—范成仪转动盘；

3—扇形齿轮；

4—滑架齿条；

5—固定范成实验纸位置的固定螺栓；

6—刀具齿条；

7—毛坯齿轮（实验纸）；

8—固定刀具齿条位置的固定螺栓

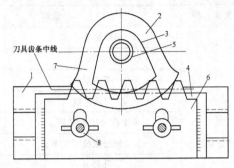

图14-4 齿轮范成仪

当齿条4在机架1的燕尾槽滑道上移动时，通过扇形齿轮3和滑架齿条轮4啮合产生范成运动，即齿条4移动速度等于齿轮3分度圆处的线速度。当齿条刀具6的中线与毛坯齿轮7的分度圆（也是被切齿轮分度圆）相切时，即切制出标准齿轮。通过螺钉8可调整刀具齿条中线相对于毛坯齿轮7中心的距离切出变位齿轮。

3. 实训设备和工具

（1）范成实验仪1台；

（2）实验纸1张；

（3）小剪刀1把；

（4）300 mm钢板尺1把；

（5）铅笔、橡皮、计算器学生自备。

4. 实训步骤

（1）用范成法切制标准齿轮。

① 将裁成的实验纸（毛坯齿轮）用固定螺栓压在转盘上调好位置。

② 调整刀具齿条6相对于毛坯齿轮7位置，以保证刀具齿条中线与毛坯齿轮分度圆相切，用固定螺栓将毛坯齿轮7固定在滑架齿条4上，并记下刻度位置。

③ 自左至右将滑架齿条在范成仪机架燕尾槽中移动，每移动2～3 mm即用铅笔将齿条刀的齿廓画在实验纸上，相当于刀具齿条范成毛坯齿轮一次。继续不断移动滑架齿条，刀具齿条和毛坯齿轮在不断地进行范成运动，刀具齿廓在范成运动中的各个位置相继画在毛坯齿轮上，这一系列刀具齿条位置的包络线即是毛坯齿轮轮齿的齿廓，直到范成完整的2～3个轮齿为止。

（2）用范成法切制变位的齿轮。

① 将滑架齿条上的固定螺栓松开，将刀具齿条移动所需的刻度上。取正变位$x=0.5$或负变位$x=-0.5$，移动量为xm。用固定螺栓紧住刀具齿条。

② 松开实验纸螺将实验纸调到所需位置重新用固定螺栓压紧。

③ 与画标准齿轮齿廓一样，自左至右将滑架齿条在范成仪机架燕尾槽中移动，直接画出变位齿轮的齿廓2～3个轮齿。

5. 实训报告

齿轮范成加工实训报告

类型 名称	标准齿轮	正变位齿轮	负变位齿轮
m			
z			
α			
h_a^*			
c^*			
x			
r_a			
r_f			
r_b			
r			

6. 思考题

（1）标准齿轮和变位齿轮有何区别？

（2）用刀具齿条加工标准齿轮时，刀具和轮坯的相对位置和相对运动有何要求？

（3）用范成法加工标准齿轮产生根切的原因是什么？怎样避免？

实训3　一级圆柱齿轮减速器的拆装实训

1. 实训目的

（1）通过对减速器的拆装与观察，了解减速器的整体结构、功能。

（2）通过减速器的结构分析，了解其如何满足功能要求和强度、刚度要求、加工工艺要求、装配工艺要求及润滑与密封等要求。

（3）通过对减速器中某轴系部件的拆装与分析，了解轴上零件的定位方式、轴系与箱体的定位方式、轴轴及其间隙调整方法、密封装置等；观察与分析轴的工艺结构。为合理设计轴系部件积累实际知识。

（4）通过对不同类型减速器的分析比较，加深对机械零、部件结构设计的感性认识，为机械零、部件设计打下基础。

2. 实训设备和工具

（1）一级圆柱齿轮减速器1台及工具箱1个；

（2）双头呆扳手1把；

（3）活扳手 1 把；

（4）游标卡尺 1 把；

（5）锤子、顶棒各 1 把；

（6）装小零件的铁盒 1 个；

（7）钢板尺 1 把；

（8）轴承拆卸器；

（9）铅笔、橡皮、直尺、坐标纸（学生自备）。

3. 实训步骤

（1）首先拧下固定轴承端盖螺钉、取下轴承端盖及垫片。

（2）拔出箱盖的定位销，借助起盖螺钉打开箱盖。利用盖上的吊耳或环首螺钉起吊箱盖。注意防止碰坏或擦伤箱盖与箱体之间的结合面，并注意人身安全。

（3）按照拆卸次序，将零件应放在工具箱内，以防丢失。

（4）用专用工具、拆装轴承，不得乱敲。无论是拆卸还是装配，均不得将力施加于外圈上通过滚动体带动内圈，否则将损坏轴承滚道。

（5）观察减速器外部结构，判断传动级数、输入轴、轴出轴及安装方式。观察减速器外形与箱体附件，了解附件的功能、结构特点和位置，测出外轮廓尺寸、中心距、中心高。在观察铸造箱体结构时，凸缘的作用及宽度，轴承旁凸台的高度，加强筋的作用以及铸造起模斜度，箱体结构和形状，箱底及箱盖结合面的精度及表面粗糙度，吊耳的形状及位置，窥视孔的作用、大小及位置，箱体与轴承端盖的接触面精度及要求，箱座及箱盖的形状特点，铸造要求以及各加工面的形状、要求。

（6）观察箱体连接件时，螺栓、螺钉的结构、尺寸、布置方法、安装方法、防松方法及安装要求，箱体连接螺栓正安装和倒安装各用于何种情况，轴承端盖上的连接螺栓的尺寸、位置、分布等情况，扳手空间尺寸要求，鱼眼坑的大小及深度，定位销和起盖螺钉的结构和布置等。

（7）观察减速器的润滑系统及密封装置时要注意齿轮的润滑方法，轴承的润滑方法，注意油路的走向、位置及加工方法，由于齿轮和轴承的润滑对箱体和轴承端盖的结构要求。注油（有窥视孔），示油（油标尺），排油（放油孔）的方法、位置、结构。挡油板、封油环的形状、作用及安装方法。通气器的作用、结构、位置。由于密封而产生的箱体结合面密封方法及要求，外伸轴的排油孔密封方法及要求，窥视孔、油标尺、轴承端盖等处的密封方法及要求。

（8）观察箱体内轴系零部件间相互位置的关系，确定传动方式。数出齿轮齿数并计算传动比，轴承型号及安装方式。绘制机构传动示意图。

（9）了解轴上零件的结构、排列顺序、装配顺序以及各零件的周向固定方法和轴向固定方法，轴上各个零件的形状、结构、作用、加工方法。

（10）分析轴承内圈与轴的配合，外圈与机座的配合情况；滚动轴承的安装及拆卸方法；滚动轴承的润滑、密封等问题；轴承的间隙调整方法以及轴承端盖的作用、结构、形状、尺寸及要求。

（11）轴上零件拆装、定位的工艺性，每个轴段的作用，每个轴段上的精度、表面粗糙度等有何不同要求。

4. 实训报告

一级圆柱齿轮减速器零件明细表

序号	名称	数量	序号	名称	数量

减速器主要参数实训报告

减速器的名称					
齿轮主要参数及传动比	小齿轮齿数 z_1	大齿轮齿数 z_2	齿轮模数 m_n	中心距 a	传动比 i
轴承代号					
齿轮润滑方式					
轴承的润滑方式					
密封方式					
外廓尺寸长×宽×高					
中心高 H					
地脚螺栓孔距长×宽					

5. 绘制减速传动简图

6. 从动轴装配简图

（1）测量从动轴各轴段的直径及长度、键槽的宽度及长度、轴上零件的尺寸。

（2）按比例，画出从动轴的装配简图。

附录 A　本书主要符号及其法定计量单位

符号	物理量名称	法定计量单位	符号	物理量名称	法定计量单位
F	力	N	L，l	跨度　长度	m
F_R	合力	N	B，b	宽度	m
F_x，F_y，F_z	力在 x，y，z 方向上的分量	N	h	高度	m
W，W	重力、抗弯截面系数	N，m^3	δ	厚度、齿顶角	m、rad
F_T	拉力	N	δ	伸长率	
F_N	法向压力、轴向力	N	t	厚度、时间	m、s
F_{Ax}，F_{Ay}	A 处铰链支座约束力	N	R，r	半径	m
F_n	啮合力	N	d	直径　力臂　力偶臂	m
F_r	径向力	N	D	直径	m
F_τ	圆周力	N	e	偏心距	m
F_a	轴向力	N	i	截面的惯性半径	m
F_s	静摩擦力	N	i	长细比	
F_d	动摩擦力	N	w	挠度	m
F_Q	剪力	N	A	面积	m^2
F_{bs}	挤压力	N	W_p	抗扭截面系数	m^3
F_{cr}	临界力	N	I	惯性矩	m^4
q	分布载荷集度	N/m	I_p	极惯性矩	m^4
M_O（F）	力对 O 点的力矩	Nm	α	角　压力角、角加速度	rad、rad/s^2
M	力偶矩　弯矩	Nm	β	角　螺旋角	rad
T	扭矩	Nm	ϕ	角　扭角	rad
p	压强、功率	Pa、W	ϕ_m	摩擦角	rad
σ	正应力	Pa	ϕ'	单位长度扭角	rad/m
σ_t	拉应力	Pa	θ	梁横截面的转角	rad
σ_c	压应力	Pa	μ_s	静摩擦因数	
τ	切应力	Pa	μ	动摩擦因数 压杆的长度因数	
σ_{bc}	挤压应力	Pa	ε	应变	
σ_{cr}	临界应力	Pa	ψ	断面收缩率	
σ_p	比例极限	Pa	n_s，n_b	安全系数	
σ_s	屈服点应力	Pa	λ	柔度	
$\sigma_{0.2}$	屈服强度	Pa	v	速度	m/s
σ_b	抗拉强度	Pa	a	加速度	m/s^2
σ_u	极限应力	Pa	a_n	法向加速度	m/s^2
$[\sigma]$	许用应力	Pa	a_τ	切向加速度	m/s^2
$[\tau]$	许用切应力	Pa	ω	角速度	rad/s
E	弹性模量	Pa	n	转速	r/min
G	切变模量	Pa			
a	间距	m			

参 考 文 献

[1] 幺居标. 工程力学 [M]. 北京：机械工业出版社，2008.
[2] 祖国庆. 机械基础 [M]. 北京：中国铁道出版社，2008.
[3] 汤慧谨. 机械设计基础 [M]. 北京：机械工业出版社，1995.
[4] 柴鹏飞. 机械设计基础 [M]. 北京：机械工业出版社，2004.